天下文化

BELIEVE IN READING

科學天地 154A

# 大腦解密手冊

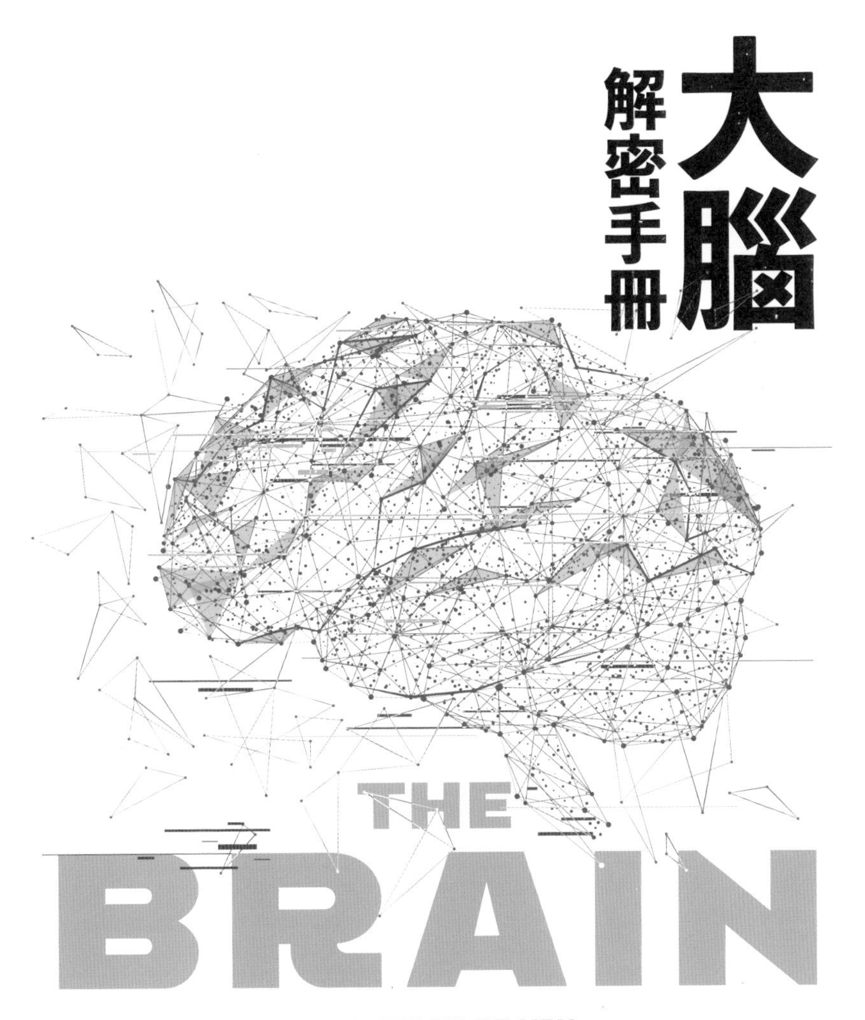

# THE BRAIN

THE STORY OF YOU

伊葛門——著　徐仕美——譯

DAVID EAGLEMAN

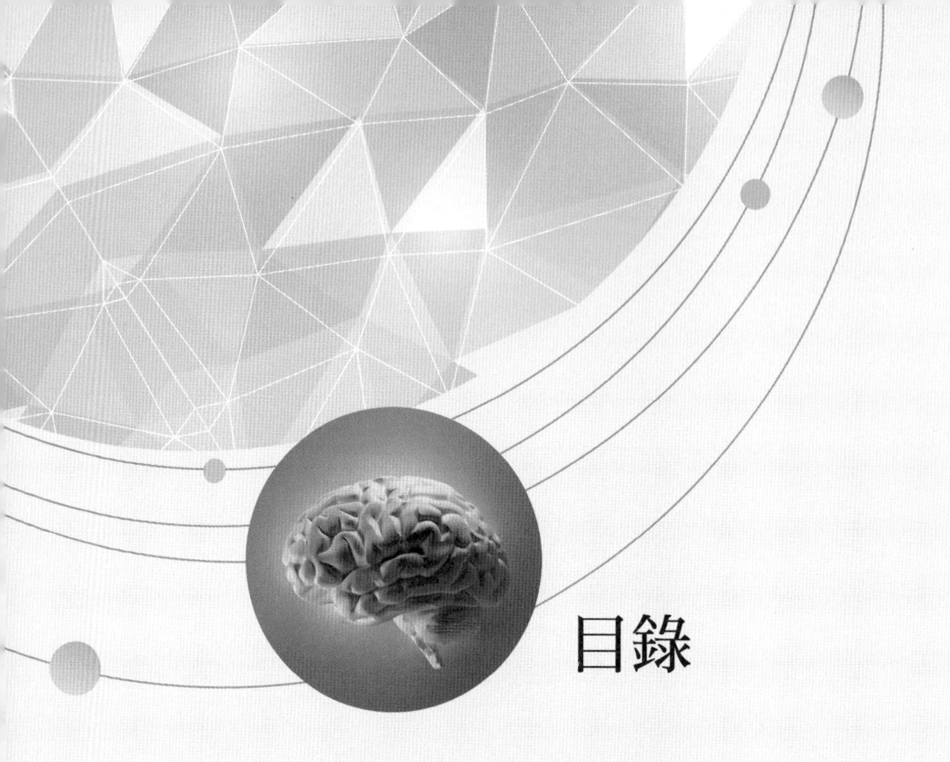

# 目錄

## 前言
# 探索內在小宇宙

腦科學是快速變動的領域，我們很少退一步概觀整片範疇的形勢，闡明我們的研究對於真實生活的意義，或用簡單明白的方式討論身為生物的意義。而這本書就是要來做這些事。

腦科學很重要。我們的頭顱裡有一團具備計算能力的怪異物質，那是帶領我們穿梭世界的知覺機械裝置、讓決策冒出來的東西，以及使想像成形的材料。我們做的夢，還有清醒時過的生活，都是從它那充滿電力的億萬細胞中冒出來的。更理解我們的腦，就能夠清楚解釋我們在個人關係中所認定的真實是什麼，以及我們認為社會政策中不可或缺的項目為何，像是：我們怎麼反抗、我們為何戀愛、我們如何接受現實、我們該如何實施教育、我們怎樣精心制定更好的社會政策，還有如何設計我們的身體以因應未來的世紀。我們腦中的微小迴路，刻畫了人類這個物種的歷史與未來。

我曾納悶，腦在我們的人生中占有核心地位，但為什麼我們在社交時很少談到腦，寧願讓電視廣播中充滿名人八卦和真人實境秀。不過我現在反倒覺得，我們對腦的忽略並非缺點，而是一種跡象，顯示我們困在自身的現實中，以致極難了解自己受困於任何事情。乍看之下，好像大概沒什麼可討論的：顏色當然存在於外部世界；我的記憶當然就像攝影機；我當然知道自身信仰的真正理由。

這本書的內容將把所有的假設推到聚光燈下。我在下筆的時候，想拋開教科書模式，偏向於更深入的詰問：我們如何做決策、如何感受現實、我們的人生走向如何受到導引、我們為何需要別人，以及當我們這個物種開始掌握自己的韁繩時，會將自己帶往何處？

這個書寫計畫嘗試搭起橋梁，消弭學術文獻與我們身為腦主人所過生活之間的間隔。我在此採取的途徑，與我寫學術期刊論文時不同，甚至也偏離了我寫的其他神經科學書籍。這個計畫針對截然不同的讀者群，讀者不需要預先具備任何專業知識，只要帶著好奇心，以及想要探索自我的渴望就行了。

現在，繫好安全帶，來趟探索內在小宇宙的短暫旅程吧！在密密麻麻、糾結纏繞的千億腦細胞，及其形成的千兆連結中，我希望你能夠瞥見並理解某種或許出乎意料之外的東西。那就是「你」。

# 第1章 你是誰？

你生命中的所有經歷，
從一場對話到更寬廣的文化背景，
塑造了你腦中的微觀細節。
從神經的觀點來說，
你是誰，
取決於你曾經到過何處。
你的腦一直在「變形」，
不斷改寫自己的線路，
而且由於你的經歷獨一無二，
所以你的神經網路廣闊且精細的模式，
同樣獨一無二。
這些模式持續改變你的生命，
因此你的自我認同就像變動中的標靶，
永遠沒有終點。

雖然研究神經科學是我的日常工作，但每當我把人腦捧在手中時，仍心懷敬畏。考慮到人腦的實質重量（成人的腦子約有1.4公斤）、它的奇特稠度（像結實的果凍），以及充滿皺褶的外表（有許多凹溝，凸顯出隆起的部分），讓人驚奇的是，腦子這麼的物質性：這一大團不起眼的東西，看起來與它產生的心理歷程似乎格格不入。

我們的思想與夢境，記憶和經驗，全出自這堆奇怪的神經物質。我們是什麼樣的人，這個問題可以從電化學神經衝動的複雜放電模式發現端倪。這種活動一旦結束，我們的身體也將停止運作。要是因為腦受傷或受藥物影響，使這種活動的特性改變，那麼你的個性也會跟著改變。只要讓腦有一點點受損，你就會像變了個人似的，但身上的其他部位即使

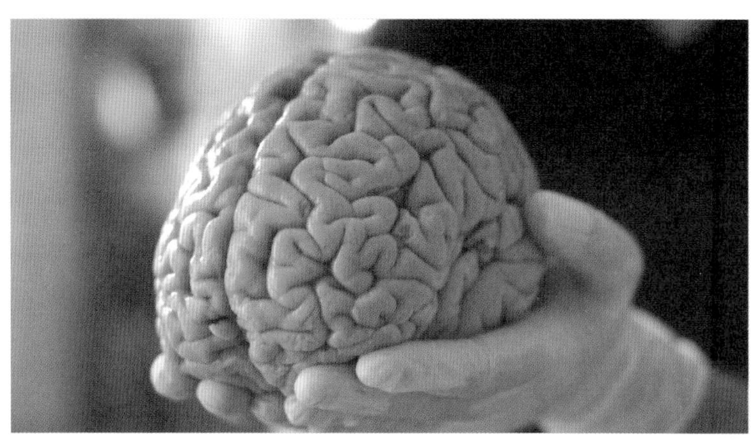

▲ 我們的整個人生，多采多姿，悲苦喜樂，都發生在這團重約1.4公斤的東西中。

受傷，也不會造成這種後果。想要理解怎麼會這樣，就讓我們從頭開始。

## 人出生了，腦還沒長好

剛出生的人類實在很沒用。我們大約要花一年的時間才學會走路，需要兩年多的時間才能清楚表達完整的意思，而且還要許多年之後才會照顧自己。我們完全依賴周遭的人生存；與其他哺乳動物比較，海豚生來就會游泳，長頸鹿誕生後幾個小時就學會站立，斑馬寶寶出生不到四十五分鐘便能夠奔跑。環顧動物界，我們的動物親戚出生後很快就相當獨立了。

表面上看起來，那似乎對其他動物非常有利，但事實上反倒成了限制。初生小動物發育得很快，因為牠們的腦子已經根據許多預定程式接好線路，但這種準備妥當卻犧牲了彈性。如果有一隻倒楣的犀牛，發現自己身在極地凍原、喜馬拉雅山脈的某座峰頂，或東京市中心，牠是沒能力去適應這些環境的（這就是為什麼我們不會在那些區域見到犀牛）。帶著事先安排好的腦來到這個世界，這種策略在生態系的特定棲位會奏效，但是若讓動物處於該棲位以外的環境，牠繁衍興旺的機率並不高。

相反的，在各種不同環境下，從極地凍原、高山，到熙攘的市中心，人類都能夠茁壯成長。我們能夠這樣，是因為人類的腦在出生時仍有很大的部分還未完成。其他動物的腦是所有線路組裝完畢才出世，我們可以稱這種方式為「硬體布線」（hardwired）；人類的腦則不同，它容許自己受生活經驗的細節來形塑。這種情況導致人類在小時候，腦有很長一段時間顯得無用，因為那顆腦正在受環境的潛移默化，這種方式就是「即時布線」（livewired）。

## 先突飛猛進，再雕琢成型

年幼的腦彈性十足，這背後有什麼祕密？並不是年幼的腦會長出新細胞，事實上，小孩的腦細胞數目與成年人相同。祕密在於腦細胞如何連結。

然而在嬰兒出生時，情況迥然不同，大部分神經元（神經細胞）並未連結，在生命的頭兩年，神經元在接收感覺資訊的過程中，開始迅速連結。嬰兒的腦中，每秒會形成多達兩百萬個新連結（也就是突觸）。到了兩歲，孩童有超過一百兆個突觸，是成年人的兩倍。

腦中的連結程度在此刻達到高峰，遠遠超過所需。這時，密集形成新連結的盛況不再，而改行神經「修剪」策略。你長大成人時，有50%的突觸會遭修掉。

哪些突觸該留下來，哪些突觸又該丟掉？一旦某個突觸成功參與某個線路，它就會受到強化；相反的，沒有用處的突觸就會變弱，最終遭到剷除。如同森林中的小徑，若都沒

# 即時布線

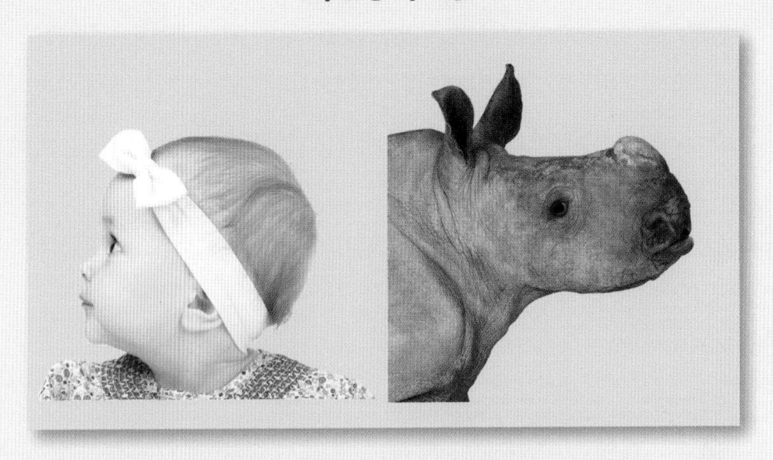

許多動物生來就在基因層次預先設定好了某些本能或行為，也就是這些控制線路已經藉由「硬體布線」的方式配置好了。基因以各種獨特的方式，指導身體與腦的建造，定義了這些生物的本性和行為。一有影子掠過，蒼蠅的第一反應是趕快飛離；知更鳥的預設本能是在冬季往南飛；熊有冬眠的慾望；狗兒就是忍不住要保護主人；以上例子是生來已經固定配置好線路的本能與行為。硬體布線讓這些動物在出生後，就具有與父母一樣的行動模式，在某些例子，有些動物還能自行覓食、獨立生存。

然而到了人類，情況有些不同。人類誕生時，腦的一部分具有基因上的硬體布線（例如呼吸、哭泣、吃奶、喜歡看人臉、能夠學習母語中的細節）。但是與其他動物相比，人腦在出生時通常還是「半成品」。人腦的詳細布線圖並非完全預先計畫好；而是由基因指引大方向做為神經網路的藍圖，再由真實世界的經驗來微調剩下的線路，使人腦可以適應當地任務。

人腦能夠把自己打造成適應所處的世界，使得我們這個物種能夠接管這顆行星上的所有生態系，甚至可以擬定計畫，進軍太陽系。

人走，就會荒廢了。

從某種意義來說，腦子從已存在的各種可能性中修修剪剪的過程，決定了你會變成什麼樣的人；你成為什麼樣的人，並非因為腦裡長出什麼新東西，而是因為腦子刪掉了一些東西。

整個童年時期，周遭環境雕琢我們的腦，從由眾多可能性形成的叢林中，把腦修整成與我們遭遇到的經驗相切合。我們腦中的連結減少了，但留下來的連結變得更加強壯。

舉例來說，你在嬰兒時期聽到的語言（比方說英語或日語好了），會讓你聆聽這種語言中特定聲音的能力增強，造成了聆聽其他語言聲音的能力變弱。也就是說，出生於日本和美國的寶寶，一開始都能聆聽和回應這兩種語言的所有聲

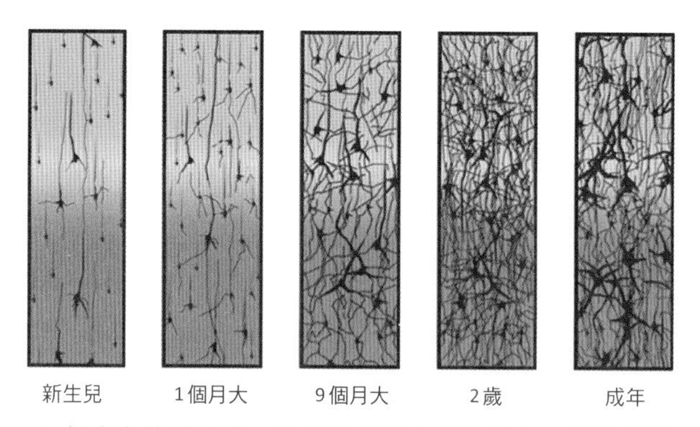


▲ 新生兒的腦袋中，神經元之間的連結很少。經過兩三年的時間，細胞分枝變多、連結數目增加。在那之後，神經連結開始進行修剪，到了成年期，連結變少，但卻更強。

音。隨時間過去，在日本長大的寶寶將無法分辨R和L的發音，因為日語並沒有特別區分這兩個音。我們是受出生時碰巧進入的環境所塑造的。

## 大自然的賭注

在我們漫長的童年時期，腦子一直消減連結，把自己修剪成能適應環境的狀態。這個聰明的策略讓腦能夠配合環境，但它也會帶來風險。

如果發育中的腦沒有處於「預期的」合適環境，亦即讓孩子能在其中受到養育和照顧，那麼腦就要經過辛苦奮鬥才能正常發育。這正是美國威斯康辛州詹森一家遭遇到的情況。卡蘿・詹森（Carol Jensen）和比爾・詹森（Bill Jensen）領養了湯姆、約翰及薇多莉亞，那時三個孩子都是四歲。三個小孩在被領養之前，在羅馬尼亞國營孤兒院過著悲慘的生活，這段際遇對他們頭腦的發育產生了重大的影響。

詹森夫婦到羅馬尼亞接了小孩，搭計程車準備離開該國時，卡蘿請計程車司機翻譯孩子說的話，但司機卻說孩子根本胡言亂語。小孩說著沒人聽得懂的話，因為他們缺乏與人的正常互動，於是發展出奇怪的混合語言。在之後的成長過程，他們還必須應付學習障礙，那是童年剝奪經驗遺留下來的傷痕。

湯姆、約翰與薇多莉亞現在不太記得待在羅馬尼亞的時光。相反的，有一個人對那些收養機構記憶鮮明，他是波士頓兒童醫院的小兒科教授，尼爾森（Charles Nelson）醫師。1999年他首度拜訪那些孤兒院，被眼前的情景嚇壞了。幼童困在嬰兒床裡，沒有人給他們任何感官刺激。每十五個孩童有一位照顧者，這些工作人員受到指示，不可以抱小孩、不能流露任何情感，即使小孩哭了也一樣——他們的考量是，顯露情感會導致孩童需索更多，而人力有限，不可能滿足小孩的情感需求。在這種背景下，一切都盡可能嚴格管控。孩童成排坐在塑膠便盆上廁所；不論性別，一律剪同樣的髮型，穿著相似的服裝，按時間餵食。每件事情都顯得機械化。

孩子哭泣後沒人回應，很快就學會不哭。沒有人擁抱這些孩子，沒有人跟他們玩。雖然嬰兒的基本需求獲得滿足（有人餵他們吃東西，替他們洗澡、換衣服），但是卻缺乏情緒的照顧與支持，以及任何形式的刺激。結果他們發展出「無區別的友善」（indiscriminate friendliness）。尼爾森解釋，他走進房間，受到一群未曾謀面的幼童包圍，他們想撲到他懷裡、坐在他大腿上、牽他的手，或跟著他離開。雖然這些舉動乍看之下很可愛，其實那是孩子遭受忽略後產生的因應策略，同時也一定有長期的依附問題存在。在收養機構長大的兒童，都有這種行為特徵。

尼爾森和研究小組受到目擊景象很大的震撼，於是成立了「布加勒斯特早期介入計畫」。共有136位孩童接受評

# 羅馬尼亞的孤兒

為了提升人口與勞動力，在1966年，羅馬尼亞共產黨總書記齊奧塞斯庫（Nicolae Ceauşescu）下令，禁止該國的人民避孕及墮胎。國家派出婦產科醫師擔任所謂的「月經警察」，檢查正值生育年齡的婦女，確保她們生育出足夠的後代。如果家中孩子少於五個，會被課「禁慾稅」。該國的生育率因而一飛沖天。

許多窮困的家庭養不起小孩，所以把孩子送到國營收養機構，於是國家只好設立更多孤兒院，收容蜂擁而來的孩童。齊奧塞斯庫在1989年被迫下臺，那時所有收養機構裡總共安置了17萬名棄兒。

科學家很快發現機構教養對於腦部發育造成的後果，這些研究影響了政府的政策。多年來，羅馬尼亞的孤兒大部分都回到父母身邊，或由政府安排寄養家庭照顧。2005年，羅馬尼亞規定，把兩歲以下幼童送到收養機構是違法的行為，除非他們身患嚴重殘疾。

全球仍有數百萬孤兒住在政府養護機構中。既然嬰兒腦部發育需要培育的環境，那麼政府的當務之急是找出方法，讓孩童處於適當的條件下，讓他們的腦部能正常發育。

估，他們從六個月到三歲大不等，都是一出生就住在收養機構。首先的明顯差異是，這些孩童的智商大約60到70，而一般孩子的平均智商是100。這些小孩表現出腦部發育落後的跡象，語言發展也很遲緩。尼爾森利用腦波圖（EEG）測量這些孩童腦部的電活動，發現他們的神經活動大幅低落。

在缺乏情緒照顧和認知刺激的環境中，人腦無法正常發育。

令人鼓舞的是，尼爾森的研究也顯示了重要的一面：一旦把孩童安置到充滿關愛的安全環境，他們的腦通常能夠復原，雖然復原的程度不一。孩童安置得愈早，復原得愈好。若在兩歲前安置到寄養家庭，孩子一般可以復原得很好。如果是兩歲後才安置，雖然仍能獲得改善，但改善的情形與孩子在多大年齡離開孤兒院，以及當時發育問題的情況相關。

尼爾森的研究結果凸顯出，充滿關愛的豐富環境，對孩童發育中的腦有關鍵作用。而且這也闡明，周遭環境在塑造我們成為何種人時，具有深遠的重要影響。我們對於周圍情況極度敏感。人腦採取一邊執行任務、一邊形成線路的「執行中布線」（wire-on-the-fly）策略，所以「我們是誰」，有一大部分取決於「我們曾經待過何處」。

## 青少年的尷尬是天注定

幾十年前大家都認為，童年結束時腦就差不多發育完全了。但是我們現在知道，人腦的建造過程可以長達二十五年。青少年時期會發生重要的神經重組和變化，因此這個階段對於我們將會變成什麼樣的人，發揮了舉足輕重的作用。我們體內流動的荷爾蒙引發明顯的形體變化，使我們的外表日漸成熟；但在視力不能及的地方，我們的腦也正在進行巨大的改變。這些變化深切影響我們對於周圍世界的表現與反應。其中一種變化牽扯到自我感（sense of self）的湧現，以及隨之而來的自我意識。

為了解青春期腦的運作情形，我們進行了一項簡單的實驗。在我的研究生薩弗賈尼（Ricky Savjani）協助下，我們請志願參與者坐在凳子上，待在商店的展示櫥窗裡。然後我們拉開布幕，讓志願者面對外界，任憑路人參觀。

在把志願者送進這種令人局促不安的社交困境之前，我們為他們每人都安排了一些裝置，好測量情緒反應。我們讓他們接上測量皮膚電流反應的儀器，那種反應可當成焦慮的良好指標：汗腺張開的程度愈大，皮膚的導電性愈大。（順便一提，這種科技也用在測謊器上。）

我們的實驗有成年人和青少年參與。一如預期，我們觀察到，成年人被陌生人盯著看會產生壓力反應。但是同樣的實驗卻使青少年的社交情緒變得過度激動：青少年受到注視時，顯現的焦慮程度大得多，有些甚至會開始發抖。

為什麼成年人和青少年有如此不同的反應？這牽涉到腦中稱為內側前額葉皮質（mPFC）的部位。你想到自己，特

▲ 志願參與實驗的人坐在商店櫥窗中，隨路人打量。結果青少年產生更大程度的社交焦慮，反映出青春期腦部發育的細節。

別是想到自身的情境時，這個區域就會活化。哈佛大學的薩模維（Leah Somerville）博士等人發現，人從兒童成長為青少年的這段時期，內側前額葉皮質在社交情境中會愈來愈活化，在十五歲左右達到高峰。此時，社交情境的情緒影響力很大，引發高強度的自我意識壓力反應。

也就是說，對青少年而言，對自己的看法，也就是所謂的「自我評價」是非常優先的項目。相反的，成年人的腦已經習慣了自我感，就像已經把新鞋穿到合腳那樣，因此成年人坐在商店櫥窗中會覺得比較自在。

青少年的腦除了容易陷入社交困窘及造成情緒過度敏感之外，還偏愛冒險。不管是開快車或傳送裸照，青少年的腦就是比成年人的腦，更想做大膽行為。這些多半與我們回應酬賞（報酬或獎賞）和誘因的方式有關。我們從小孩變成青少年的過程中，與尋求快樂有關的各個腦區（其中一個為依核）對酬賞的反應日漸增強。在青少年的腦，這些區域的活躍程度與成年人一樣。

但是重點來了：參與執行決策、注意力及模擬未來結果的眼窩額葉皮質，青少年時期的活性仍然與兒童時期一樣。成熟的快樂尋求系統，搭配不成熟的眼窩額葉皮質，這表示青少年不僅在情緒上過度敏感，而且控制情緒的能力不如成年人。

薩模維的研究小組另外還有一個構想，他們想了解為何同儕壓力可以強烈驅動青少年的行為：青少年的社交考量相關腦區（例如內側前額葉皮質）與其他負責把動機轉化成行動的腦區（紋狀體及其連結網路）有更緊密的搭配關係。薩模維小組認為，這或許可以解釋為什麼青少年成群結夥時，更容易進行冒險。

我們在青少年時期對世界的看法，是按照時間表而變動的腦造成的。這種變動讓我們更具有自我意識、更常冒險、更容易受同儕激勵而行動。這給了全世界受挫的家長一條重要訊息：我們在青少年時期的樣子，並非單純是選擇或態度造成的，而是既強烈又無可避免的神經變化階段產生的結果。

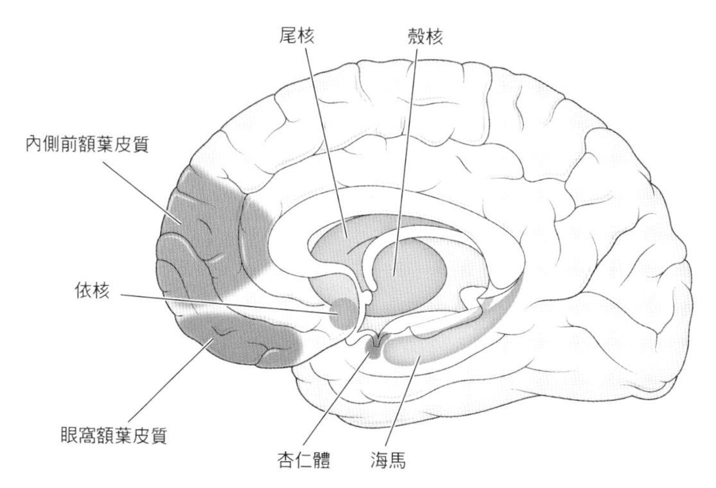


▲ 在青少年時期，與酬賞、計劃及動機相關的許多腦區有了改變，因此我們的自我感會產生重大變化。

## 改變永遠不遲

我們到了二十五歲的時候，在兒童時期和青少年時期經歷的腦部轉變，終於結束了。我們的人格和自我認同不再發生結構上的大變動，此時腦似乎已經發展完全。你或許會認為，我們長大成為什麼樣的人現在已經固定，再也不會變動。事實不然：我們的腦在成年期仍持續改變。如果某樣事物能夠受到調整、塑造，並且可以維持塑造後的狀態，我們說那樣事物具有可塑性。這就是腦的特性，即使到了成年期還是如此：經驗能夠改變腦，而且腦會記住這種改變。

為了理解成人腦的實質變化有多深刻，我們來看看一群

# 青春期是腦的雕塑期

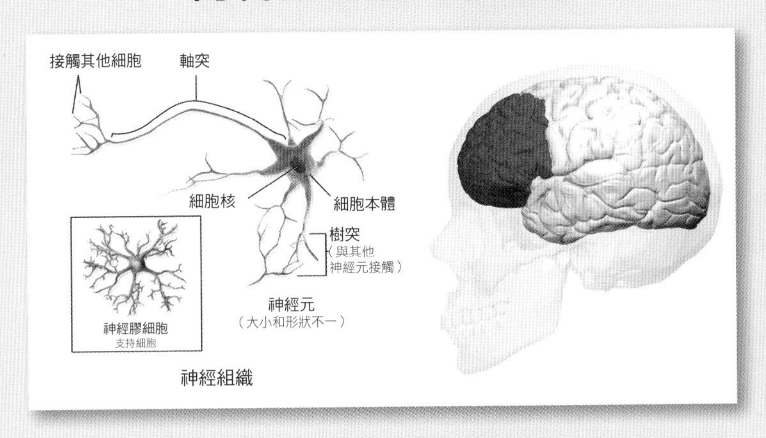


童年期結束，青春期即將開始之際，是腦中第二個過度生長時期：前額葉皮質長出新細胞並產生新連結（突觸），因而形成新的塑造途徑。接在這種蓬勃景象之後的，是將近十年的修剪期：在整個青春期，較弱的神經連結會給修掉，較強的連結會更強化。在青春期神經連結變少的過程中，前額葉皮質的體積每年大約減少 1%。青少年時腦線路的塑造成形，會使我們更堅強，因為我們在長大成人過程中學到了一些教訓。

青春期時，由於高階推理和控制衝動所需的腦區發生巨大變化，因此是認知劇烈變動的時期。至於用來控制衝動的背側前額葉皮質，則是最晚成熟的區域，要到二十歲出頭才會到達成熟狀態。

早在神經科學家研究出細節之前，國外的汽車保險公司已注意到不成熟的腦會造成的後果，因此對青少年駕駛收取較高的保費。同樣的，刑事司法系統也早就洞察這一點，因此青少年犯罪的處理方式跟成年罪犯並不同。

在倫敦工作的男士和女士：倫敦市的計程車司機。他們需要接受四年的密集訓練，好通過「倫敦知識大全」（Knowledge of London）測驗，那堪稱是人類社會最困難的記憶技能之一。「知識大全」訓練課程要求他們熟記廣大的倫敦道路網，不論各種路線組合或替代道路都要背得滾瓜爛熟。這是超級困難的任務：「知識大全」涵蓋全市的三百二十條交通路線，途經二萬五千條街道和二萬個地標，以及諸如飯店、戲院、餐廳、大使館、警察局、運動場等重要地點，還有乘客可能想去的任何地方。「知識大全」的學員通常每天花三到四小時，來記住那些假想的車程。

「知識大全」這種獨特的心智挑戰，激起倫敦大學學院

▲ 倫敦計程車司機透過極端困難的記憶訓練，經由熟記強背，學到這座城市的地理資訊。經過訓練後，他們不需要查詢地圖，就能夠把大倫敦都會區的任兩個地點用最直接（且合法）的路線連接起來。這種挑戰帶來的結果是，他們的腦產生了明顯的變化。

一群神經科學家的興趣，於是他們掃描了幾位計程車司機的腦。科學家對腦中一小塊稱為海馬的部位特別感興趣，該區域對記憶至關重要，特別是空間記憶。

科學家發現，計程車司機的腦子出現了明顯的差異：比起對照組，這些司機的海馬後緣變得比較大，這可能使他們的空間記憶能力變得更好。研究人員也發現，計程車司機的運匠生涯愈久，腦中的該區就愈大，這反映出這些司機並非入行前海馬後緣就比較大，而是由實際行為造成的。

這項計程車司機研究說明了，成年人的腦並非固定不變，而是可以大幅重新配置的，而且專家可以看得出來這樣的變化。

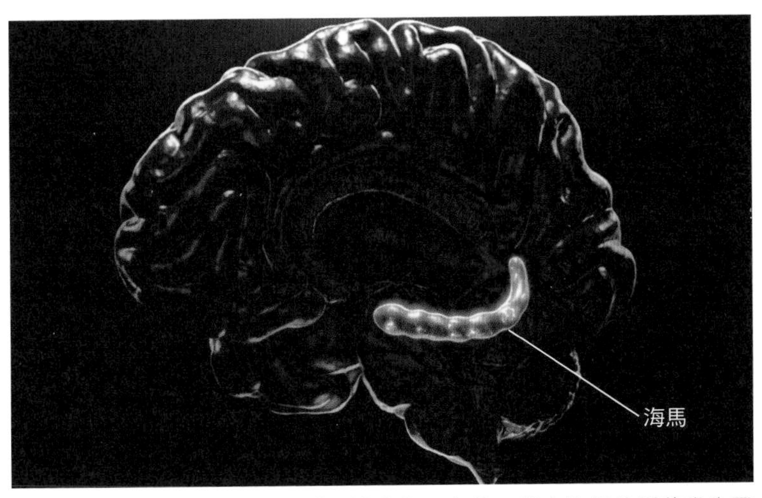


▲ 倫敦的計程車司機在學習「知識大全」之後，腦中海馬的形狀發生了明顯的改變，反映出他們的空間導航技巧有所精進。

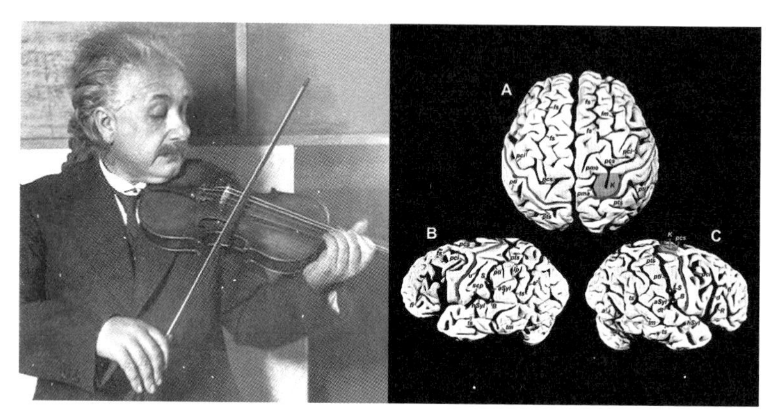


▲ 愛因斯坦與他的腦。圖A是腦的俯視圖，上方是腦的前方，可以看出紅色區域異常膨大，因為組織過多，擠成了皺褶，皺褶形狀像上下顛倒的希臘字母Ω。

不只是計程車司機的腦會自我改造。當我們檢視二十世紀最有名的腦——愛因斯坦的腦時，並沒有看出他為什麼會是天才的祕密。但是他的腦確實顯示出，專門控制左手手指的區域很發達，該處皮質形成一個大皺褶，稱為Ω記號，這都是由於他有一項較不為人知的愛好：演奏小提琴。

資深小提琴家的左手手指，練就出了非常純熟的技巧，他們腦中的這個皺褶會變得異常膨大。對照之下，鋼琴家因為使用雙手進行精細運動，左右腦半球都會形成Ω記號。

每個人的腦，外表都有隆起和溝壑，而且這些起伏也大致相同，但是其中的細節人人不同，並且會反映出「你曾到過哪裡」，以及「你現在是什麼樣的人」。雖然大部分變化非常細微，很難用眼睛看出來，但是你經歷的一切已經改變了你腦部的實質結構，從基因表現、分子位置，一直到神經元架構。你的家族起源、文化背景、朋友、工作、看過的每一部電影、曾參與的每一場對話，都在你的神經系統留下痕跡。這些微小的印記難以磨滅，日積月累，成就了現在的你，卻也局限了你能成為什麼樣的人。

## 我變了，因爲我生病了

發生在我們腦子的變化，顯現出「我們做過什麼事」及「我們是誰」。但是如果腦由於生病或受傷而產生變化，情況又會如何？這樣是否也會讓「我們是誰」，以及我們的人格和行為有所改變？

1966年8月1日，德州大學奧斯汀分校的學生惠特曼（Charles Whitman）搭乘電梯上到德州大學塔的觀景臺，然後這位二十五歲的年輕人朝底下開槍，無差別射殺路人。這起槍擊事件造成十三人死亡、三十三人受傷，最後惠特曼遭警察擊斃。警方到惠特曼家搜索時，發現他前一晚就殺害了自己的妻子和母親。

比這起隨機暴力行為更讓人驚訝的是，事前沒有任何蛛絲馬跡可以用來預見惠特曼會犯案。他是鷹級童軍，擔任過銀行櫃檯人員，還是工科大學生。

就在殺死妻子與媽媽後不久，他坐下來用打字機打了一封相當於遺書的短信：

**我其實不太了解這些時日的自己。我應該算是理性且聰明的年輕人。然而，最近（我想不起從何時開始）我被許多不尋常且不合理的想法困擾……希望我死後能受到剖驗，看看是否有任何身體方面的失調異常狀況。**

▲ 警方持有的惠特曼遺體照片，攝於1966年他在德州大學奧斯汀分校犯下凶殘的瘋狂槍擊案件後。惠特曼在遺書中要求相關單位解剖他的遺體，因為他懷疑自己的腦子有些不對勁。

惠特曼的心願實現了。屍體解剖後，病理學家的報告提到，惠特曼腦中有一顆約有五美分硬幣大小的腫瘤，壓迫到了他腦部的杏仁體，杏仁體與恐懼和攻擊行為有關，就因為受到這麼一丁點的壓力，就導致惠特曼的腦產生一連串後果，使他做出反常的舉動。他的腦變了，性情也跟著變了。

惠特曼是極端的例子。你腦中的變化雖然沒有那麼劇烈，但是仍然會影響你成為何種人，想想飲酒或服藥的效應吧。特定種類的癲癇症會使人有更強烈的宗教感受；帕金森氏症有時能讓人失去信仰，而治療帕金森氏症的藥物卻常讓人變成賭鬼。

並非只有疾病或化學藥物會使人改變，從我們看的電影到我們的工作，每一件事對不停變動中的神經網路都有貢獻，而這些神經網路則歸結出我們自身。所以，你究竟是誰？藏在核心深處的，是否另有其人？

## 以前的你和現在的你一樣嗎？

我們一生中，腦和身體都經過巨大變動，但這些變動就像時鐘的時針一樣，從不停歇，而且很難偵測出。舉例來說，你的紅血球每四個月就全數更新，皮膚細胞每幾個星期會更新。大約七年之內，你身上的每顆原子都全汰舊換新過了。其實，每一刻的你，都是嶄新的你。幸好有種持續不斷的東西，可以把每個版本的你串連起來，那就是「記憶」。或許記憶是絲線，串起你這個人，讓你成為了你。記憶占據自我認同的核心地位，使你擁有獨特、連續的自我感。

但是這裡可能有一個問題：這種連續性會是錯覺嗎？想像你在公園散步，可能遇見不同年紀的自己，有六歲的你、青少年的你、二十好幾的你、四十多歲的你、七十出頭的你……一直到晚年的你。在這種情境下，你們可以坐在一起，分享生命中同樣的故事，理出貫穿自身認同的那一條絲線。

但是，你們做得到嗎？雖然你們擁有相同的名字和歷史，但事實是，你們全都是稍微不同的人，各有不同的價值

▲ 想像一個人可以有不同年齡的分身。她們的記憶都一致嗎？如果不是，那麼她們真的是同一個人嗎？

觀和目標。而且你們對人生的共同記憶，並不如預期的多。你對於十五歲的記憶，與你十五歲時的真正情況有所出入；此外，你們回顧同一事件的記憶也會不同。為什麼會這樣？這和記憶的特性有關。

與其說記憶像精確的錄影，記錄了你人生的某個時刻，不如說記憶是你腦中關於往日時光的破碎狀態，必須要經過喚醒，你才想起來。

這裡舉個例子：你到一家餐廳參加朋友的生日派對。你經歷的每件事都會觸發腦內的特定活動模式。例如，你和朋友的對話會開啟某種活動模式，咖啡的濃醇香氣活化了另一種模式，法式小蛋糕的美妙滋味活化了其他模式；而服務生把拇指伸進你杯子的這件事，也可能成為令人難忘的細節，

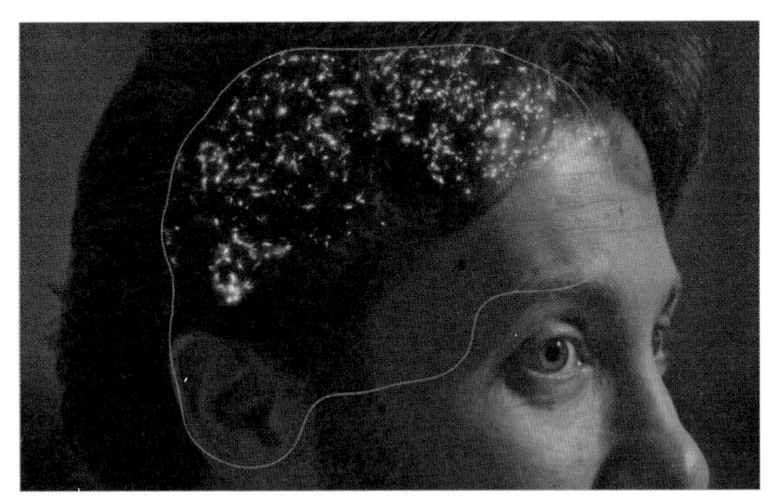

▲ 你對某件事的記憶，由獨特的細胞群組展示，這個細胞群組與你經歷到的細節有關。

這代表不同神經元的放電組態。

這些神經元群集且彼此相連，形成神經元的袤廣網路；海馬會一再重溫回憶，直到這種關聯穩固下來。同一時間活化的神經元，彼此之間的連結會變得更強，也就是說，一起放電的神經細胞，會相連在一起。由此形成的網路，即為事件的獨特標誌，代表你對那場生日晚宴的記憶。

現在讓我們想像六個月之後，你又嘗到其中一種法式小蛋糕，就跟你在生日派對上吃到的一樣。這是一把特殊的鑰匙，開啟整個關聯網路。於是原來那群腦細胞亮了，如同城市燈火般亮起。突然之間，你回到那段記憶中。

雖然我們不一定能意識到，但其實記憶並非你預期的那麼豐富。你知道有一些朋友也出現在派對上。他應該穿了西裝，因為他總是穿著西裝。可是她穿的是藍色T恤，還是紫色的？可能是綠色的吧。如果你認真探究記憶，就發現自己記不起在場其他人的相關細節，即使那裡賓客如雲。

這麼說起來，你對那頓生日大餐的記憶已經開始衰退了。怎麼會這樣？首先，你的神經元數量有限，而且它們需要進行多工作業。每一個神經元在不同時間會參與不同群組。你的神經元以動態矩陣的方式進行關係轉換，且持續大量收到與其他神經元連線的需求。由於那些「生日」神經元已經被指派去參與其他的記憶網路，所以你的生日晚宴記憶漸漸模糊。記憶的敵人不是時間，而是其他記憶。每一樁新事件都需要在數目有限的神經元之間建立新關係。令人驚訝的是，褪色的記憶似乎並未從你腦中退去。你覺得，或你以為，你大概都記得。

而且你對事件的記憶甚至靠不住。比方說，晚宴之後的某一年，有兩個也到場的朋友分手了。現在再回想那場派對，你可能有會錯誤印象，以為自己當時就感覺到了危險信號。那晚他的話不是比平常少嗎？那兩人之間不是好幾度出現難堪的沉默？嗯，這實在很難確定，因為如今你腦部網路知道的事情，會回頭改變當時的記憶。無可避免的，你的現在會為你的過去加油添醋。所以，對於同一事件，你在人生不同階段會有不同的知覺。

## 記憶不可靠

羅夫特斯（Elizabeth Loftus）是加州大學爾灣分校的教授，她做的創新研究提供了線索，讓我們理解記憶具有可塑性。她證明了記憶是多麼容易受到影響，使得記憶研究領域因而改觀。

羅夫特斯精心設計實驗，邀請志願者觀看汽車相撞的影片，然後再詢問他們一連串問題，看看他們記得什麼。結果顯示，她提出的問題會影響答案。她解釋：「當我問兩輛車互相『碰撞』時車速有多快，跟兩輛車互相『衝撞』時車速有多快，這些目擊者估計的車速會不同。如果我用的字眼是『衝撞』，他們會覺得車速比較快。」引導式問題能夠搞亂記憶，這種情況令她好奇，她決定更深入研究。

有可能把整段假記憶移植到腦中嗎？為了弄清楚，羅夫特斯特別挑選一些人參與實驗，並請自己的研究團隊聯絡參與者的家人，以了解他們的過去。研究人員從拿到的資訊中，整理出每位參與者的四個童年故事。其中三個故事是真的，第四個故事雖然好像真有那麼一回事，卻完全是捏造的。第四個故事是說他們小時候在購物中心走失，然後被一位好心的老人家發現，最後回到爸媽身邊。

在一系列訪談中，研究人員告訴參與者第四則故事。結果至少有四分之一的人宣稱，他們還記得在購物中心迷路的事，即使那根本沒發生過。事情還沒完。羅夫特斯說明：

「他們一開始可能只回想起一滴點的記憶。但是等到他們下個星期回來，就開始想起更多，也許提到有一位老婦人伸出援手。」隨著時間過去，這段假記憶悄悄增添了更多細節，像是「那位老婦人戴著一頂奇怪的帽子」、「我帶著最心愛的玩具」、「我媽媽急瘋了」。

所以，不僅把偽造的全新記憶移植到腦中是可行的，而且那些人還會欣然接受並加油添醋一番，在不知不覺中把想像的情節編織進自我的錦緞中。

我們都會受到這種記憶操縱手法的左右，即使羅夫特斯也不例外。原來在羅夫特斯小時候，她的媽媽不幸在游泳池溺斃。多年後，羅夫特斯在與親戚的談話中了解了一件驚人的事實：發現媽媽溺死在游泳池中的人，就是她！這消息使羅夫特斯極為震驚，因為她之前毫不知情，老實說，她根本不相信。然而，她描述：「在那場生日聚會後，我回到家開始想，或許我記得。我開始想到自己確實記得的其他事，像是消防員到達時給了我氧氣。或許我需要氧氣，是因為我發現媽媽出意外而覺得驚慌？」沒多久，媽媽在游泳池的景象變得歷歷在目。

但是，後來那位親戚打電話來說他弄錯了。結果，發現媽媽的不是小羅夫特斯，而是羅夫特斯的阿姨。這讓羅夫特斯有機會體驗到記憶虛妄是怎麼一回事，這種虛假記憶豐富翔實，令人感受深刻。

我們的過去並非據實的紀錄，而是重建之後的成果，有

# 未來的記憶

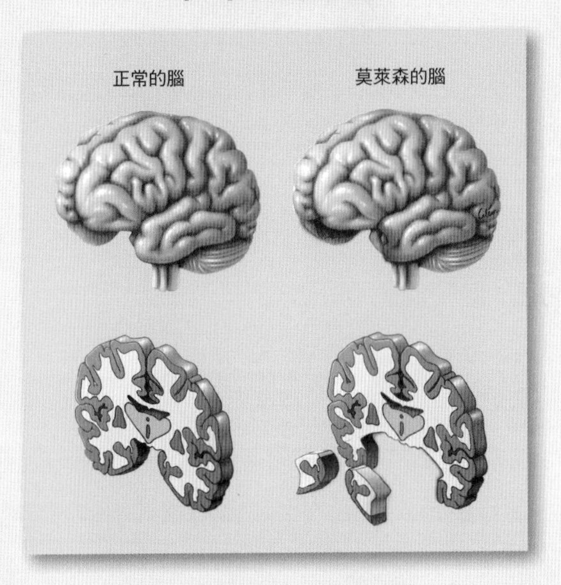


莫萊森（Henry Molaison）在十五歲生日時經歷第一次癲癇大發作，從那時起，他的癲癇發作愈來愈頻繁。這樣下去，莫萊森未來會面臨猛烈抽搐的狀況，於是他接受了實驗性的手術，切除左右半腦顳葉的中間部分（包含海馬）。他的癲癇好了，卻發生可怕的副作用：他的餘生都無法建立新的記憶。

但故事還沒結束。莫萊森除了無法形成新記憶，也無法想像未來。

設想如果你明天要去海邊，會是什麼樣的情景。你的腦海中會浮現什麼？衝浪的人和沙堡？拍岸浪濤？穿透雲層射出的陽光？如果你問莫萊森，他會聯想到什麼，典型的回應可能是：「我能想到的只是藍色。」他的不幸揭露了一些頭緒，讓我們了解構成記憶根本的腦部機制：這些機制不僅記錄過往發生的事情，也能夠設想我們在未來的情況。若要想像明天在海邊的經歷，尤其需要海馬扮演的重要角色，這個部位能夠把我們過去的資訊重新組合，合成出未來的景象。

時簡直像神話。當我們回顧人生記憶，應該帶著一種體認：不是所有細節都正確無誤。有一些細節來自別人述說與我們有關的故事，有一些細節充滿我們認為應該發生過的事。所以，關於你是什麼樣的人，如果你的答案完全只根據自己的記憶，那麼你的個人認同會是一種經常變動的奇怪描述。

## 當腦開始變老

現今，我們活得比歷史上任何時候的人都還要久，這種現象產生了挑戰：我們要如何維持腦的健康。譬如阿茲海默症和帕金森氏症這類疾病會攻擊我們的腦部組織，進而傷害到使我們身為何種人的本質。

但是這裡有一個好消息：在你年輕時塑造腦的環境與行為，到了你老的時候同樣能發揮影響力。

全美國有超過一千一百位修女、神父與修士，共同參與一項很特別的研究計畫——修會研究（Religious Orders Study），該計畫在探討老化過程對腦部造成的影響。這項研究尤其著重於找出阿茲海默症的風險因子，研究對象也包含六十五歲以上、沒有阿茲海默症的症狀或任何可見跡象的人。

來自修會的這群人是穩定的參與者，研究人員很容易每年追蹤，讓他們定期接受檢測，除此之外，修會有類似的生活型態，包括飲食營養和生活水準都很相似。這些能夠減

▲ 老年時維持忙碌的生活方式，對腦袋有益。

少所謂的「干擾因素」，也就是飲食、社經地位或教育程度等差異，在成員分布更廣闊的研究當中，這些因素可能會出現，因而擾亂研究結果。

位於芝加哥的拉許大學（Rush University）主導這項研究，自1994年開始蒐集數據與資料，班奈特（David Bennett）博士及其團隊收集的腦已經超過350顆。每一顆人腦均受到妥善保存，並經過研究人員的仔細檢視，尋找與年齡相關的腦部疾病的顯微證據。這只是該項研究的一半內容，另一半則涉及到蒐集每一位參與者生前的深入數據。每一位研究對象每年都要接受一整套測驗，從心理認知評估，到醫學、生理及基因檢測。

研究團隊著手之初，預期會發現認知功能衰退與三種最

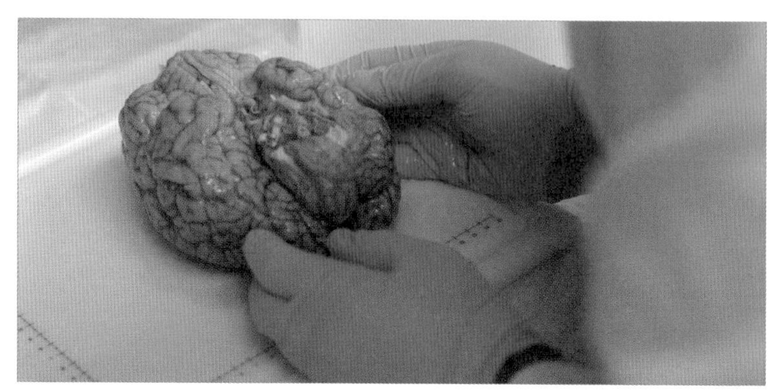

▲ 數百位修女過世後捐出自己的腦，提供研究分析之用，得到的結果讓研究人員大吃一驚。

常導致失智的疾病有明確關聯，分別是：阿茲海默症、中風、帕金森氏症。然而，他們卻發現，即使一個人的腦組織滿是阿茲海默症的破壞痕跡，認知功能也不一定會出問題。有些人過世時腦中有阿茲海默症晚期的病徵，但認知功能卻完好無缺。這到底是怎麼一回事？

研究小組追溯他們龐大的資料集，尋找線索。班奈特發現，心理因素和經驗因素決定哪些人會喪失認知功能。具體來說，認知練習，也就是使腦保持活躍的活動，像是填字謎、閱讀、開車、學習新技能，以及有責任感，都能夠保護認知功能。社交活動、社交網路與互動，還有體能活動，也具有保護作用。

另一方面，他們也發現負面心理因素，例如孤獨、焦慮、憂鬱，以及容易陷入心理困擾，都與認知功能較快衰退相關。正面特質，好比嚴謹自律、生活有目標、讓自己有事忙，也對認知功能有保護效果。

那些腦神經組織有病理變化，但認知功能沒有出現症狀的參與者，蓄積了所謂的「認知存量」（cognitive reserve）。腦組織某些區域退化的同時，其他腦區卻有良好的鍛鍊，因而可以彌補或接管那些功能。我們愈常訓練腦部的認知功能，尤其是讓腦部接受包括社交互動等困難、新奇任務的刺激，神經網路就更能建立從A處到B處的新路線。

我們不妨把腦子想成工具箱。好的工具箱裡面，會有你完成工作所需的全部工具。如果需要鬆開螺栓，你可能會拿出棘輪扳手；若是沒有棘輪扳手，那就用活動扳手；要是找不到活動扳手，或許試試老虎鉗。這就是鍛鍊腦具備健康認知功能的概念：即使腦中有一些路徑因為疾病而退化，但是腦可以改用其他解決方法，挽回頹勢。

這些修女的腦子顯示，我們可能有方法維護大腦的健康，且使我們盡量長久維持自己原來是誰的意識。我們無法終止老化的過程，但是藉由操練我們認知工具箱中的所有技能，或許能夠減緩老化。

## 我有感知

當我想到「我是誰」，其中最重要且不容忽視的一點是：我是有感覺和知覺的存在。我感受到自己的存在。我感覺自己在這裡，透過眼睛看見外面的世界，從自我舞臺的中央，感知這場五光十色的表演。我們把這種感覺稱為「意識」（consciousness）或「覺察」（awareness）。

科學家常常在辯論「意識」的詳細定義，但是只要用一種簡單的比較，就很容易說清楚關於意識的討論，那就是：當你醒著的時候，具有意識；當你熟睡時，就不具意識。這種區別可以增進我們對一個簡單問題的理解：這兩種狀態下的腦部活動有什麼不同？

腦波圖是用來測定腦活動的方法之一，透過接收顱骨外的微弱電訊號，來獲得數十億神經元放電的概況。這種技術稍嫌粗略，有時就像我們拿著麥克風靠在棒球場外，想要藉此了解棒球規則。然而，腦波圖能夠讓我們馬上理解，清醒和睡眠狀態的差別。

當你醒著，腦波顯示你的數百億個神經元正忙著互相進行複雜的交流，這可以想成球場觀眾之間進行的成千上萬回交談。

當你入睡，身體似乎關機了。所以我們很自然假設，此時神經元體育場毫無動靜。但在1953年，科學家發現這種假設是不正確的，我們的腦不管在夜晚或在白天都一樣活躍。睡眠中的神經元只是互相協調的方式不同而已，它們進入大規模同步的節律狀態。你可以想像成就像體育館的觀眾一起玩波浪舞，延續不斷，繞場一圈又一圈。

你不妨這樣聯想：體育館中的觀眾展開成千上萬回交談

# 身心二元問題

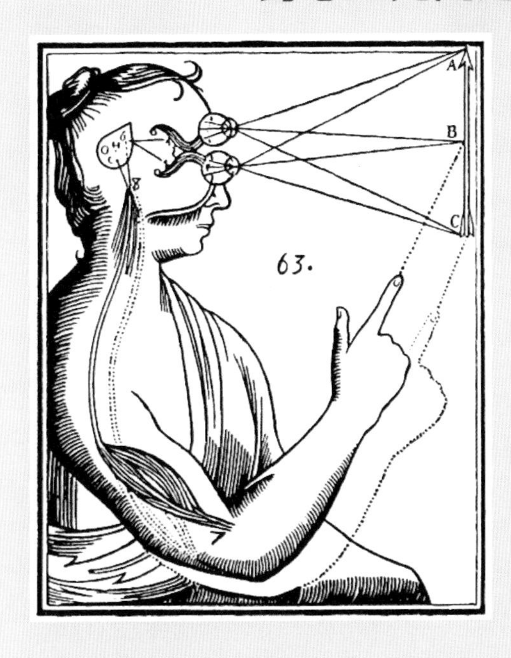


「意識覺察」是現代神經科學中最令人困惑的謎題之一。我們的心靈經驗與實質的腦之間有什麼樣的關係？

著名的哲學家笛卡兒（René Descartes）認為，非物質的靈魂不存在於腦子裡。他的這種思想被描繪成圖，感官輸入資訊由松果腺接收，這個腺體是非物質靈魂的閘門。（他選擇松果腺當閘門，很可能只是因為它只有單獨一個，位於腦部中央，而腦部其他結構大都成雙成對，左右腦半球各有一個。）

非物質靈魂的概念很容易想像，卻很難與神經科學證據結合。笛卡兒從來沒有到神經科病房閒晃過，如果他曾經去過，會發現人們的腦一旦有所改變，人格也跟著改變。有些腦部損傷使人變得憂鬱，有些傷害使人發瘋。有些損傷會改變一個人的信仰虔誠度、幽默感，甚至賭博癖。有些腦傷讓人變得猶豫不決、產生妄想、具有攻擊性。因此笛卡兒這個架構的問題在於：它假設心靈與身體是分開的。

如同我們會看到的，現代神經科學致力於釐清細微神經活動和意識特定狀態的關係。想要全盤了解意識，很可能需要新發現與新理論，我們的這個領域還相當年輕。

**清醒狀態**
高頻率、
低振幅的腦波

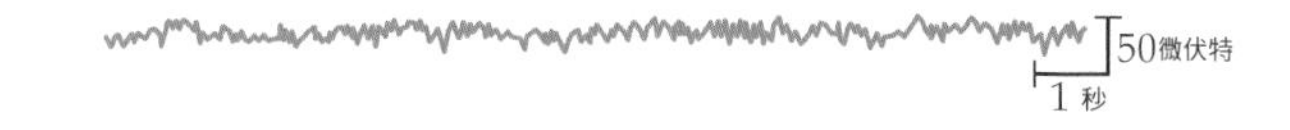


**深度睡眠**
也就是「慢波睡眠」：
呈現低頻率、
高振幅的腦波

▲ 當神經元以複雜、微妙且大致獨立的節律互相協調時，意識就浮現了。在慢波睡眠階段，神經元的活動較同步，意識就消失了。

時，言談之間的複雜度就會提高；相反的，當觀眾進行波浪舞時，是心智較不活躍的時刻。

所以在任何時刻，你呈現的狀態，取決於神經元的細緻放電節律。白天，你的意識來自神經元整體的複雜度。夜晚，你的神經元交互作用稍加改變，於是你的意識消失了。你所愛的人必須等到第二天早晨，等到你的神經元讓那種波浪消失，慢慢回到複雜的節律，那時你的意識就回來了。

所以你是誰，取決於你的神經元正在忙些什麼，每個時刻都不盡然相同。

## 每一顆腦都是獨一無二的

我念完研究所之後，有機會與我崇拜的科學偶像——克里克（Francis Crick）一起工作。在我遇到他之前，克里克已經把研究企圖轉往探究意識的問題。克里克辦公室的黑板上寫了一堆文字，中央有個英文字眼特別大，總是讓我覺得很震撼。那個字眼就是「意義」（meaning）。對於神經元的機制、網路及腦部各區域，我們知道得很多，但是我們不知道在那裡流動的訊號有什麼意義。腦的這些東西怎麼能夠讓我們關注任何事情？

意義的問題尚未解決。但是我想我們能夠這樣說：某樣事物對你的意義，都跟你腦中的關聯網路有關，這種網路以你生命經驗的全部歷史為基礎。

想像我拿來一塊布，塗上一些顏料，然後展示給你的視覺系統看。那可能引發你的記憶，並激發你的想像嗎？嗯，或許不會，因為那只是一塊布，不是嗎？

但是，現在想像布上的顏料組成國旗的圖樣，然後再展示給你看。我們幾乎可以確定，這種景象會激發出你的某些東西，但是其中的特定意義，對你的經驗歷史來說是非常獨特的。你感知到的，並非是物體的本身，你感知到的，是你的經歷。

我們每一個人都有自己的軌跡，受到基因和經驗左右，到頭來每一顆腦的內在生命各不相同。如同雪花各不相同一樣，每一顆腦都是獨一無二的。

你腦中上兆的新連結不斷形成或重新連結，構成特殊的模式，代表過去從來沒有跟你一樣的人存在，未來也不會出現跟你一樣的人。

由於腦中實質存在的東西不停變動，我們也不停變動。

我們並非固定不變：從搖籃到墳墓的過程，我們是一直在進行中的作品。

▲ 你對實質物體的詮釋，與腦袋的歷史軌跡息息相關，而和物體本身關係不大。這兩個長方形不過是由一些色塊組合而成。讓狗兒來看，牠領會不出兩個長方形的意義有何不同。你對它們的反應，與你自己有關，和這兩個長方形無關。

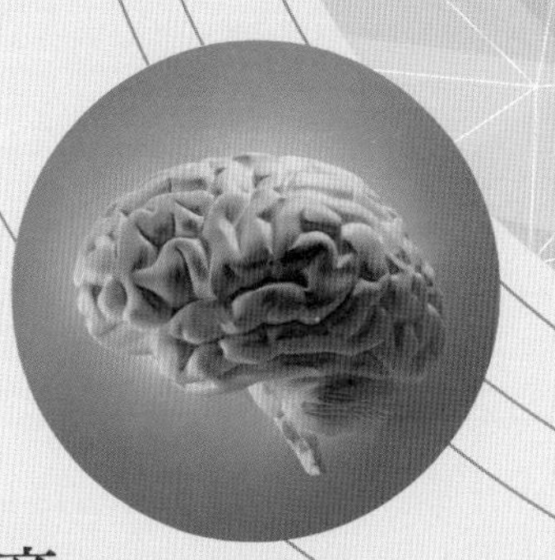

# 第2章
# 現實是什麼？

腦子這種生物濕體（wetware）如何使我們產生經驗，
像是看到祖母綠的翠綠色澤、嘗到肉桂的滋味、
聞到潮濕泥土的氣味？
你周遭的世界充滿各種色彩、紋理、聲音及氣味，
若我說這一切都是錯覺，
只是腦子為你獻上的聲光秀，
你會怎麼樣呢？
如果你能感受到「現實」的實際狀況，
會震驚於「現實」無色、無臭、無味的空寂。
我們腦袋以外的周遭環境，只有能量和物質。
經過數百萬年的演化，
人腦已經培養出特殊專長，
可以把能量與物質轉變成豐富的感官經驗，
讓存在於這個世界上的我們能夠感受到。
這是怎麼辦到的？

## 現實的錯覺

自早晨清醒的那一刻起，大量光線、聲音及氣味就包圍著你，淹沒你的感官。你只需每天出現，就能無須思索，毫不費力的沉浸於這個世界無可抵擋的現實中。

但是這些「現實」，有多少是只發生在你的頭殼裡，由腦所建構出來的？

看看底下的「蛇形旋轉圖」，雖然實際上沒有東西真的在頁面上移動，但是這些蛇看起來好像一直在繞圈圈。你知道這幅圖是固定不動的，但你的腦怎麼會感覺到蛇在動？

▲ 在日本立命館大學心理系教授北岡明佳設計的這張蛇形旋轉圖中，沒有東西在移動，但你卻感知到動態。

▲ 請比較A、B方格的顏色。這是麻省理工學院教授阿德爾森（Edward Adelson）設計的棋盤圖。

或者看看上面的棋盤。

雖然看起來不是那麼一回事，但A方格的顏色確實和B方格一樣。你可以把這幅圖的其他部分遮起來，試著自己證實這一點。這兩個方格的顏色完全相同，可是它們怎麼可以看起來如此不同？

這類的錯覺提供我們第一手線索，指出我們看到的外在世界景象，並非正確無誤的表象。我們對於現實的知覺，與外界發生的事情沒有多大關係，卻與腦內發生的事情有重大關係。

## 你如何體驗現實？

你彷彿透過感官與這個世界直接接觸。你可以把手伸出去，碰觸現實世界的物質，像是摸這本書或你坐著的椅子。但是這種觸覺並非直接的經驗，雖然碰觸似乎發生在手指頭上，但其實這一切都發生在腦的任務控制中心。你所有的感覺經驗皆如此。視覺不發生在眼睛，聽覺不發生在耳朵，嗅覺也不發生在鼻子。每一種感覺經驗，全都發生在你腦袋中那團物質運算求解的繁忙活動中。

關鍵在於：我們的腦不會直接與外界接觸。腦子深鎖在頭顱那間寂靜的暗室中，從來未曾直接感受到外部世界，將來也不會有這種體驗。

資訊從外面進到腦子裡的方式只有一種：把你的眼、耳、鼻、口及皮膚這些感覺器官當成轉譯器，這些器官可以偵測五花八門的資訊來源（包括光子、空氣壓縮波、分子濃度、壓力、紋理、溫度），並轉譯成腦中常見的流通物，也就是電化學訊號。

這些電化學訊號在密集的神經元網路中橫衝直撞。神經元就是腦的主要傳訊細胞，人腦中大約有一千億個神經元，在你的一生中，每一個神經元每秒鐘會送出數十到數百個電脈衝給其他成千上萬個神經元。

你感受到的一切，每一次看到的情景、聽到的聲音、聞到的氣味，並非直接的經驗，而是在腦中這座黑暗的戲院

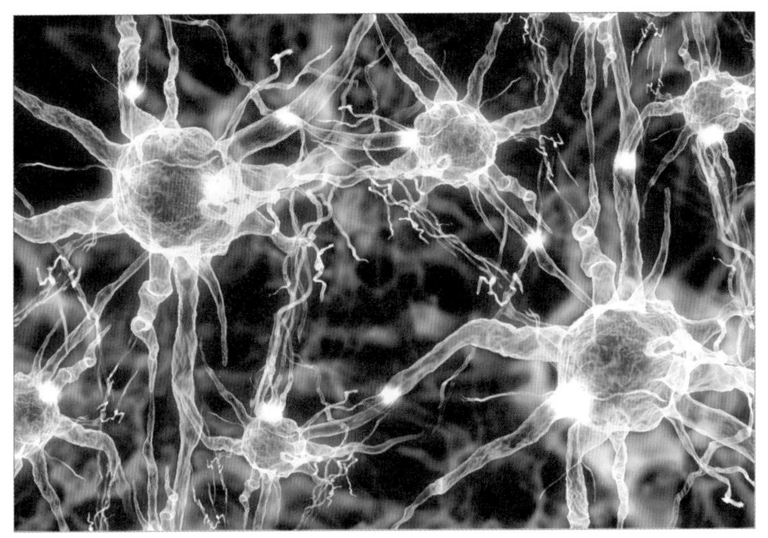

▲ 神經元彼此透過化學訊號，也就是所謂的「神經傳遞物質」進行溝通。神經元的細胞膜能夠沿著細長突起傳導電訊號。雖然精美的插畫常常會在神經元之間呈現出空隙（如同這一幅），但事實上腦細胞之間完全沒有空隙，它們互相緊靠，一個挨著一個。

中，經過電化學詮釋之後呈現出來的表演。

腦如何把這繁多的電化學模式，轉變成對這個世界的有用理解？它會比較從各種感官輸入端所接收到的資訊，偵測模式後做出最佳推論，猜測外頭發生何事。腦的運作威力強大，工作起來似乎毫不費力。但且讓我們仔細瞧瞧。

讓我們從最主要的感覺，也就是視覺開始。「看」東西對我們來說是自然而然的行為，因而很難體會到讓這件事發生的美妙機制。人腦大約有三分之一用於視覺任務，使得我們可以把原始的光子轉變成媽媽的臉孔、心愛的寵物，或是我們即將躺著小睡一下的沙發。為了揭露發生在頭蓋骨下的事情，我們來討論一個例子：一位喪失視力，後來有機會重見光明的人。

## 重見光明之後

梅麥克（Mike May）在三歲半時失明。一場化學爆炸使得他的角膜受傷，從此眼睛無法接收光子。雖然他是盲人，但事業有成，而且是殘障奧運的滑雪冠軍，他靠著發出聲音的標示器滑下山坡。

梅麥克過了四十多年的失明生活後，得知先進的幹細胞治療能夠修復眼睛的損傷。他決定接受手術，畢竟他的失明只是由於角膜混濁所造成，手術是直截了當的解決方法。

然而，意想不到的事情發生了。有新聞節目用手持錄影機錄下他拆掉繃帶的那一刻，當醫師剝開紗布，梅麥克形容他的感受：「一陣光線迅速衝過來，影像轟炸我的眼睛。突然之間，視覺資訊的洪流啟動了，那股氣勢難以抵擋。」

一如預期，梅麥克的新角膜能夠接收光線並聚焦；但是他的腦子無法理解接收到的資訊。新聞節目繼續拍攝，記錄到梅麥克看著自己的孩子，對他們微笑。然而他內心卻嚇壞了，因為他說不出他們長得如何，也分辨不出哪個

# 感覺傳導的方式

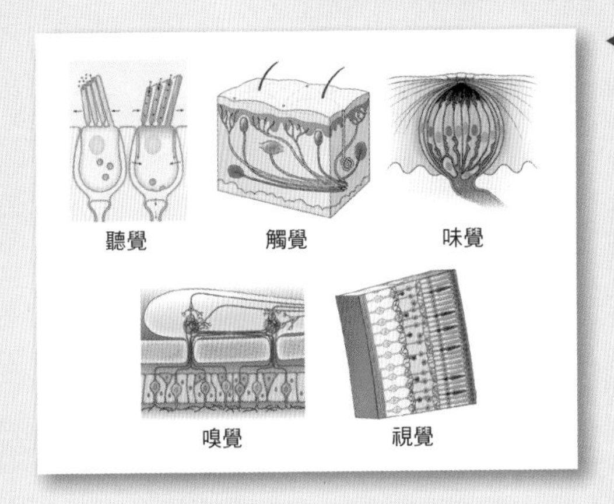


◀ 生物學已經發現許多方式，可以把外界的資訊轉換成電化學訊號。這裡列出你擁有的幾個轉譯機器：內耳的毛細胞、皮膚的幾種觸覺受器、舌頭的味蕾、嗅球分布於鼻腔黏膜的分子受體，以及眼睛後端的光受器。

來自環境的訊號會轉譯成腦細胞能夠傳送的電化學訊號。這是第一步，腦藉此擷取體外世界的訊息。眼睛把光子轉換成電訊號；內耳的構造把以空氣密度形式傳送的振動轉換成電訊號；皮膚上（和身體裡）的受器把壓力、拉扯、溫度及有害化學物轉變成電訊號。鼻子轉換了飄盪於空氣中的氣味分子，舌頭對味道分子也如法炮製。這就像世界各地的觀光客到某個城市旅遊的情形，他們得先把外國貨幣換成當地常用的流通貨幣，才能進行實質的交易。腦也是如此。腦基本上擁有開闊的世界觀，歡迎四面八方來的旅客。

神經科學有一個尚未解決的謎題，稱為「整合的問題」（binding problem）：既然視覺是由腦中某個區域處理，聽覺在另一個腦區處理，觸覺在其他腦區等等，那麼腦如何對這個世界產生出單一的統整圖像？儘管這個問題還沒有解答，然而神經元之間的「流通貨幣」，及其廣大的互相連結特性，很可能是解答的核心。

孩子是哪個。他回憶道：「我一點辨識臉孔的能力都沒有。」

以手術來說，他的移植非常成功。不過從梅麥克的觀點，他所體驗到的不能稱為視覺。他自己總結說：「我的腦覺得『喔！我的天啊！』」

梅麥克在醫師和家人的協助下走出檢查室，沿著走廊漫步，注視地毯、牆上的畫、門口，但是這些東西對他來說都不具意義。乘車回家的途中，他看見車窗外掠過的車子、建築物和人，他嘗試了解眼中的事物，卻失敗了。在公路上，有一瞬間他覺得他們似乎要撞上前方的巨大方形板，於是身體往後縮了一下。原來那是公路的標示牌，他們的車子從下方經過。他無法認出東西，也看不出景深。事實上，梅麥克在手術後發現，滑雪變得比失明時還困難，因為景深知覺出問題，他很難分辨人物、樹木、陰影和坑洞之間的差別，在白雪的襯托下，這些東西他看起來都是模糊的深色影像。

梅麥克的經歷所呈現的一課是：視覺系統不像照相機，看見東西並不像打開鏡頭蓋那麼簡單。為了看見東西，你需要的不只是能夠正常運作的眼睛。

在梅麥克的例子，失明四十年代表他大腦視覺系統的區域（我們通常稱為視覺皮質）大多由其他像是聽覺和觸覺等感覺接管了，影響他大腦整合視覺所需訊號的能力。如同我們接下來會看到的，視覺之所以能夠運作，是數十億神經元以特殊的複雜方式，協力合作產生的。

接受手術十五年後的今天，梅麥克對於看懂報紙上的文字或解讀別人臉上的表情仍有困難。如果他想確認自己的不完美視覺到底看見什麼，他還會觸摸、掂拿東西，或聆聽聲音，利用其他感覺來交叉核對資訊。把各種感覺拿來做比較，是所有人在年幼時做的事，那時我們的腦正要開始理解這個世界。

## 看東西不僅需要眼睛

當嬰兒伸出手觸摸面前的人事物，這些動作不只能讓他們明白質地和形狀，對於學習如何看東西也是必需的。很難想像我們身體的動作對於視覺是必需的，這實在有些奇怪，但是科學家在1963年用兩隻貓咪巧妙說明了這個概念。

麻省理工學院的兩位研究人員，赫爾德（Richard Held）與海恩（Alan Hein）把兩隻小貓放在圓柱形空間中，牆壁上環繞著垂直條紋。兩隻貓在圓柱形空間中繞圈走動，獲得視覺輸入資訊。但牠們的經驗有一個最大不同點：第一隻貓可以按自己的意願走動，然而第二隻貓由連在中央軸的籃子吊著。在這樣的設計下，兩隻貓咪會看到相同的景物：同時看到條紋變換，變換的速度也都一樣。

如果視覺只跟進入眼睛的光子有關，那麼牠們視覺系統的發育情形應該會一樣。但是結果令人吃驚：只有能夠

壁面上有垂直條紋的圓柱裡頭有兩隻貓，一隻能自行走動，另一隻則在吊籃裡。兩隻貓接收到幾乎相同的視覺輸入資訊，但只有一隻學會正常看東西——能自行走動的貓咪才能把環境與視覺輸入資訊的變化，搭配起來。

自行移動身體的貓咪發展出正常的視覺；搭乘吊籃的貓咪學不會如何正確的看東西，牠的視覺系統發育不正常。

視覺並非只跟視覺皮質所能詮釋的光子有關，而是和全身的經驗有關。我們得經過訓練才能理解進到腦部的訊號，這需要把訊號與得自我們行動及感覺結果的資訊做交叉對照。這是腦詮釋視覺資料真正意義的唯一方式。

你呱呱墜地之後，如果無法以某種方式與這個世界互動，無法經由回饋來理解感官資訊的意義，理論上你就永遠無法看見東西。當嬰幼兒拍打嬰兒床的欄杆、咬玩具或疊積木時，他們不只在探索，也在訓練視覺系統。他們深埋在黑暗中的腦，正在學習自己對這個世界所做的動作（轉頭、推推這個、放開那個），會如何影響回來的感官輸入資訊。經過廣泛的實驗，視覺才能逐漸茁壯。

## 看見東西可不簡單

「看東西」這件事好像毫不費力，我們很難發覺腦為了建立視覺而付出的努力。為了揭露這種過程的真相，我搭飛機到加州爾灣，去瞧瞧當視覺系統沒有接收到預期訊號時，會發生什麼情形。

加州大學的布魯爾（Alyssa Brewer）博士對於腦的適應程度有多大，非常有興趣。為了進一步了解，她讓參與實驗的人佩戴用稜鏡做成的護目鏡，使那些人看到的世界變得左右顛倒，藉此研究視覺系統如何應付這種情況。

在一個美好的春日，我戴上這種稜鏡護目鏡。我的世界翻轉了，原本在我右方的東西變成在左方，左方的東西變成在右方。我嘗試弄清楚布魯爾在哪裡，我的視覺系統認為她在這裡，而聽覺又判斷她在那裡。我的感官互相搭配不起

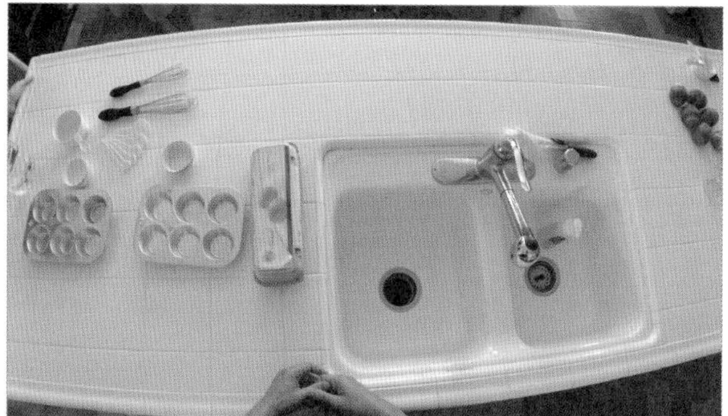

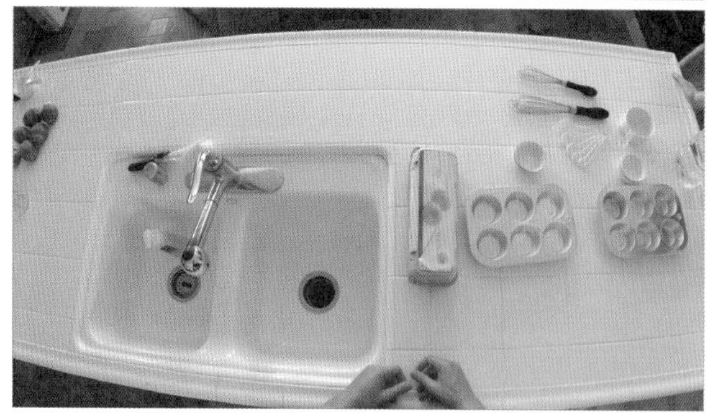

▲ 稜鏡護目鏡讓眼中的世界左右顛倒，原本很簡單的任務，例如倒飲料、拿東西，或通過門口而不撞到門框，執行起來都變得異常困難。

來。我伸出手想抓一樣東西，卻看到自己手的位置和肌肉感覺到的不一樣。戴著這種護目鏡才兩分鐘，我已經汗流浹背，覺得噁心想吐。

雖然我的眼睛正在運作，把這個世界收入眼中，但視覺資料流與其他感覺的資料流卻不一致。這對我的腦來說是苦差事，我好像第一次學習怎麼看東西似的。

我知道戴稜鏡護目鏡不會一直那麼辛苦，因為有另一位參與者巴頓（Brian Barton）也戴著稜鏡護目鏡，而且足足戴了一整個星期。他看來情況比較好，不像我瀕臨嘔吐的邊緣。為了比較我們兩人頭腦的適應程度，我向他挑戰，進行一場烘焙競賽。在這項比賽中，我們需要把蛋打到碗裡，加入杯子蛋糕預拌粉攪勻，然後把麵糊倒入烤盤，最後將烤盤送進烤箱。

結果根本就不用比：巴頓的杯子蛋糕出爐時看起來很正常，然而我的麵糊不是灑在流理臺上乾掉，就是滴在烤盤上弄得到處都是。巴頓在他的世界裡辨識方位還算順利，然而我卻表現得笨手笨腳。我的一舉一動都得跟意識抗爭。

戴上這種特別的護目鏡，讓我體驗到視覺處理過程背後隱藏的一番功夫。那天上午稍早的時候，就在戴上護目鏡之前，我的腦還能運用自己應付這個世界的多年經驗，但是在某種感官輸入顛倒之後，它便施展不開了。

我知道如果想進步到巴頓的程度，需要花好多天的時間，繼續這樣與世界互動，像是伸手拿東西、聆聽聲音的方向，或注意四肢的位置。如果練習得夠多，讓不同感覺持續交叉參照，我的腦會愈來愈厲害，巴頓的腦在七天中就是這樣做的。經由訓練，我的神經網路會知道，進入腦的各種資料流該如何與其他資料流協調。

布魯爾在論文中提到，戴了這種護目鏡幾天後，人們的內在會發展出「新左方」和「舊左方」，以及「新右方」和「舊右方」的感覺。一個星期後，他們就能正常四處走動，如同巴頓一樣，而且已經沒有新左右和舊左右之分。他們對於這個世界的空間圖像產生改變。執行這項任務兩星期，他們就可以順利的閱讀與寫字，走路和伸手拿東西的流暢程度與沒有戴護目鏡的常人無異。在這麼短的時間內，他們就熟悉了顛倒的輸入資訊。

腦其實不在意輸入資訊的細節，它只關注如何有效率的在這個世界活動，並得到它需要的東西。為了你，它要處理這些低階訊號的所有繁重工作。如果你有機會佩戴稜鏡護目鏡，應該試試。你就可以知道，腦究竟花了多少功夫，才讓我們看東西彷彿毫不費力。

## 同步各種感覺

我們已經見識到，我們的知覺需要腦把不同感覺的資料流做比較。但是有一件事使得這種比較變成真正的挑戰，那就是反應時間的問題。視覺、聽覺、觸覺等所有感覺的資料流，在腦部的處理速度各不相同。

想想跑道上的短跑選手，他們似乎在槍響的瞬間立即蹬離起跑板。但其實他們並非即時起跑，如果你看過慢動作影片，可以發現槍聲和他們開始動作之間有一段空檔，幾乎有0.2秒之久（事實上，要是他們在那段時間之前就從起跑板出發，就變成「偷跑」，會被當作犯規）。運動員受訓要讓這個空檔愈短愈好，但是他們有生物學上的基本限制：腦必須注意到了聲音，發送訊號到運動皮質，然後把訊號往下傳到脊髓，再到全身的肌肉。對於只要差之毫秒就能決定輸贏的運動項目來說，那樣的反應似乎慢得令人驚訝。

如果我們不用發令槍，而改用閃光之類的當信號開始比賽，可以縮短延遲時間嗎？光的行進速率畢竟比聲音快，豈不是可以讓他們更快蹬離起跑板嗎？

我從研究人員當中募集到幾位短跑者，來測試這個想法。下圖中，上方的照片是我們用閃光燈起跑的情形，下方的照片則是用發令槍起跑。

結果，我們對光線的反應較慢。考慮到光在外在世界的行進速率，一開始會覺得這好像違背直覺。但是為了理解發生什麼事，我們需要看看內在的資訊處理速度。視覺資料的處理過程比聽覺資料更複雜。攜帶閃光資訊的訊號通過視覺系統的時間，比槍聲訊號通過聽覺系統更久。我們對光線的反應時間是190毫秒，但對槍聲的反應時間只需要160毫秒。那就是為什麼我們用發令槍提示短跑選手起跑的原因。

▲ 比起閃光（上），短跑者在槍聲中（下），更快蹬離起跑板。

但是奇怪的地方來了。我們才看到，腦處理聲音的速度比處理視線快。現在來仔細觀察一下，如果你在自己面前拍手會發生什麼事。請試試看。所有的感覺似乎都同步。然而我們知道聲音的處理比較快，那怎麼可能這樣？這意味著，你對現實的知覺，是高超剪輯技巧的最終結果：腦把不同資訊到達的時間差隱藏起來了。這是如何做到的？最後呈現出來的現實，其實是延遲的版本。你的腦先把所有的感官資訊蒐集起來，經過考慮後，再決定到底發生了什麼事。

這類時序上的問題，不限於聽覺和視覺，每一種感官資訊都需要花長短不一的時間來處理。時間差會讓情形更加複雜，即使只針對一種感覺。例如，訊號從你腳上的大拇指傳到腦部，會比從鼻子傳到腦部需要更長的時間。但是這些對你的知覺來說都不明顯：你會先把所有訊號蒐集起來，因此一切好像是同步的。這樣會造成奇怪的後果：你其實活在過去。你認為「當下」正在發生的時候，那片刻早已過去了。為了讓從各種感官輸入的資訊同步化，付出的代價是，我們的意識覺察落後於現實世界。正在發生的事件與你體驗到的該事件之間，有一道無法跨越的時間差鴻溝。

## 感覺中斷後，腦還工作嗎？

我們對於現實的體驗是由腦重建出來的最終結果。雖然現實體驗來自我們感官的所有資料流，卻非取決於那些資料流。我們怎麼知道的？因為當你把資料流拿掉，你的體驗並不會中斷，只是變得奇怪。

在舊金山的一個晴朗日子，我搭船渡過冰冷海域，來到阿卡崔茲島（Alcatraz），那是用來監禁犯人的著名島嶼。我將要去參觀一間很特別的牢房，叫做「洞穴」（the Hole）。如果你違反外面世界的規矩，就會被送去阿卡崔茲島；要是你違反阿卡崔茲的規矩，那麼你會被送去「洞穴」！

我進入「洞穴」，關上背後的門。這間牢房的面積大約三公尺見方，裡頭一片漆黑，一個光子都溜不進來，聲音完全隔絕在外頭。在這裡，你徹底孤立，形單影隻。

如果關在「洞穴」幾個鐘頭或幾天，會是什麼樣的情景呢？為了弄清楚，我跟待過這裡，目前還活著的一個囚犯談話。他是持械強盜路克（Robert Luke），綽號「冷血藍路克」，曾因為破壞牢房，在「洞穴」關禁閉二十九天。路克敘述自己的經驗：「黑暗的『洞穴』是很糟的地方。有些傢伙受不了。我是說，他們進到那裡，幾天後就會用頭去撞牆。你不知道自己關進那裡會有怎樣的反應。你根本不會想知道。」

路克完全跟外面世界隔絕，沒有聲音，沒有光線，他的眼睛和耳朵完全沒有東西輸入。但是他的心智沒有放下外面世界的念頭，於是自己編造出一個世界。路克敘述這種經驗：「我記得這些神遊。我記得去放過風箏，感覺相當真實，但那些都是我腦海中的幻想。」在「洞穴」中路克的腦仍然可以「看到」東西。

獨自監禁的囚犯常常有這類經驗。另一位囚禁在「洞穴」的人說，他心靈的眼睛看到一個光點，他會讓那個光點擴大，變成電視螢幕，然後他就可以看電視。在新感官資訊受到剝奪的情況下，這些囚犯說，他們超越了做白日夢的境界，他們提到的經驗簡直就像真的。他們不只想像到畫面，他們真的看到了。

這些證詞闡明，外在世界與我們接受的現實之間的關係。我們怎樣能了解路克的經歷？視覺的傳統模型認為，知

# 腦就像一座城市

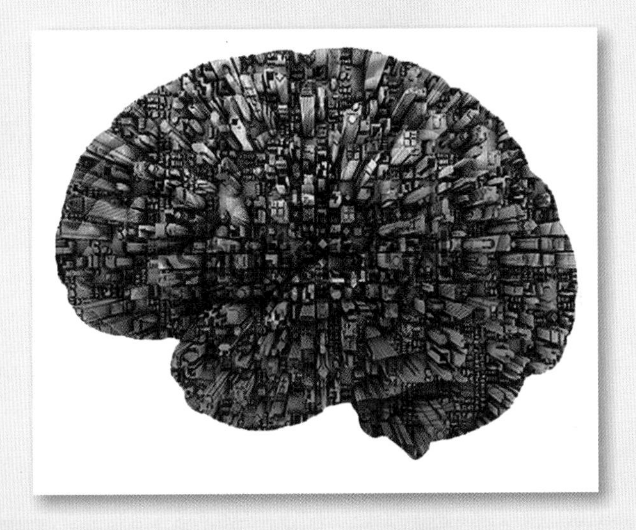

腦的整體運作來自於各區域交織連結的互動，如同一座城市。我們常常忍不住想把某種功能歸到某個腦區，希望能說出「這個部位做那項工作」這樣的話。儘管嘗試了很長一段時期，我們仍然不能把腦看成界限分明的各模組形成的集合，也不能把腦的功能視為各種活動的總和。

換個方式，讓我們把腦想成一座城市。如果你望著一座城市，然後問道：「這座城市的經濟在哪裡？」你會發現，這個問題沒有好答案。經濟起自所有組成元素的互動，這些元素包含商店、銀行、商人到顧客。

腦的運作也是如此，它的功能不是發生在某一處。就跟城市一樣，腦部各區並非獨立運作。腦和城市的每一件事，都是由成員之間的互動而生，這些互動各種尺度都有，不分遠近。物資和紡織品經由火車運送到城市，這些物品輾轉促進經濟活動，同樣的，來自感官的原始電化學訊號會沿著神經元高速公路運送進來。這些訊號在那裡經過處理，變成我們意識到的現實。

覺由資料處理而來，開始於眼睛，結束於腦中的神祕終點。但即使把視覺簡化成生產線模型，這樣的敘述也不對。

事實上，腦會製造出自己的現實，即使在還沒接收到來自眼睛和其他感官的訊息之前，它就已經這樣做了。這稱做內在模型（internal model）。

內在模型的基礎可以從腦解剖學來看。視丘位在頭部中央偏前方處，介於兩眼之間，視覺皮質則位於頭的後方。大部分感官資訊在送往恰當的皮質區之前，會先通過視丘。視覺資訊後來會傳到視覺皮質，因此從視丘到視覺皮質會有大

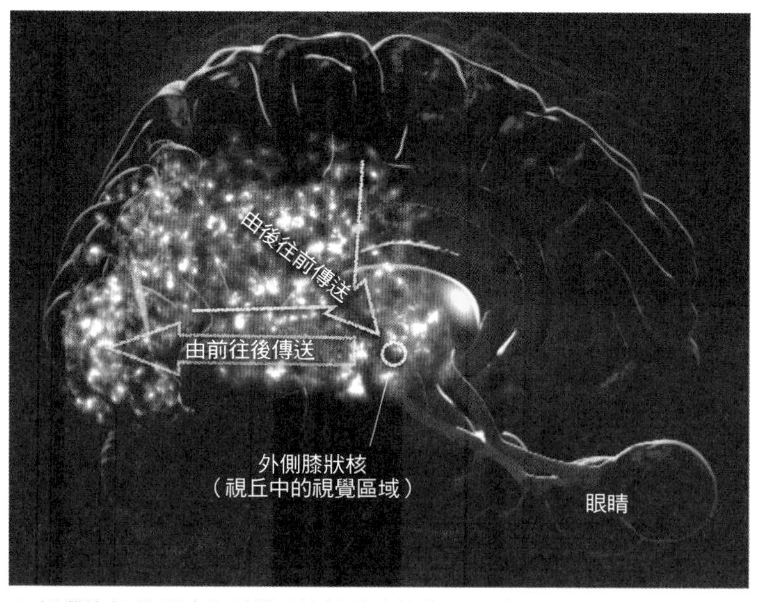


▲ 視覺資訊從眼睛傳到視丘的外側膝狀核，再到初級視覺皮質（金色光點群）。奇怪的是，反方向的神經連結數量高達十倍（紫色光點群）。

量的神經連結。但令人驚訝的是：反方向的神經連結數量竟然高達十倍。

對這個世界的詳盡預期（換個方式說，就是腦對外界即將發生的事情的「猜測」）正由視覺皮質傳送到視丘。然後視丘再跟來自眼睛的資訊做比較。如果符合預期（譬如說，「當我轉過頭去，應該可以看到那裡有一張椅子」），那麼從視覺系統傳回來的過程就沒有那麼活躍。視丘只彙報來自眼睛的報告及腦內在模型預測之間的不同處。換句話說，送回視覺皮質的是不符所望的東西（也叫做「誤差」），也就是預期以外的部分。

所以在任何時刻，我們體驗到的視覺，較少依賴照進眼睛的光線，而較多依賴腦中既有的東西。

那就是為什麼冷血藍路克坐在一片漆黑的牢房裡，還能有豐富的視覺體驗。路克關在「洞穴」中，感官無法輸入新的資訊到腦部，於是他的內在模型能夠盡情馳騁，出現生動的視覺和聽覺感受。即使腦子沒有外在資料當錨點，還是持續產生自己的心像。縱然世界已經遠離，但節目依舊一直上演。

你不需要關在「洞穴」中，也能體驗到內在模型。許多人在感覺剝奪室（sensory deprivation chamber）裡獲得極大的愉悅，感覺剝奪室是內部完全黑暗的房間或箱子，人在其中的鹽水裡漂浮。藉此移除外在世界的錨點，讓內在世界自由翱翔。

你甚至不需要大老遠去尋找感覺剝奪室。每晚睡著時，你就能擁有完整、豐富的視覺體驗。雖然你閉上眼睛，卻能享受夢中多采多姿的世界，其中的點點滴滴都栩栩如生，活靈活現。

## 看到我們的預期

漫步在城市的街道上，你似乎自然而然知道路旁的那些東西是什麼，而不需要多加思考。腦會根據內在模型來預設你將看到什麼，內在模型是由你在其他街道散步的多年經驗建構起來的。你擁有的每一次經驗，對於腦中的內在模型都有貢獻。

你的感官並非藉由抓住每一瞬間，持續重建你的現實，而是會把感覺資訊跟腦中已建立的模型做比較，然後不停更新、改進、修正現實。你的腦對這項任務駕輕就熟，熟練到你通常不會發覺。但有時在某些情形下，你會發現這種運作過程。

試著拿一個塑膠面具來，就是萬聖節戴的那一種立體面具。現在把面具轉過去，看看凹陷的背面。你知道那一面是凹進去的，但就算這樣，你常常還是忍不住覺得那一面要朝你凸出來。你體驗到的不是進入眼裡的原始資料，而是你的內在模型，內在模型這一輩子總是接受訓練，去看凸出來的面孔。這種凹陷面具的錯覺顯示，你對自己看

▲ 你正視面具的凹陷面（圖右）時，仍會覺得它似乎朝你凸起來。因為我們看到的景象，受自身預期的強烈影響。

到的景象有多麼強烈的預期（這裡有個簡單的方法，可以向自己展示凹陷面具錯覺：把臉埋進乾淨的雪堆裡，然後把凹痕拍下來，這張照片對你的腦來說，會像是凸起的3D立體雪雕）。

你的內在模型也會讓外面的世界維持穩定，即使是在你移動的時候。想像你正要欣賞城市風光，想留下回憶，因此拿出手機錄影。但你不是讓鏡頭穩定平移拍攝場景，而是讓鏡頭跟著你的眼球四處晃動。你一般不會注意到，眼球一秒鐘會跳動四次左右，這種快速的運動稱為「眼球迅速移動」（saccade）。如果你打算用這種方式拍攝影片，不用多久就會發覺行不通；因為你播放影片時，會發現畫面晃動得很厲害，讓人看了頭暈。

為什麼你用這種方式看世界的時候，卻覺得世界很穩定？為什麼世界看起來不像拍得很糟的影片那樣，搖晃到令人頭暈？原因在於，內在模型是在「世界是穩定的」這項假設下運作的。你的眼睛不像攝影機，眼睛只是向外探索、尋找更多細節傳送給內在模型。眼睛與攝影機鏡頭不同，眼睛蒐集資料位元傳給頭顱內的世界。

## 內在模型並不精細，但可以提升

外在世界的內在模型，使我們能夠快速理解環境，它的主要功能就是引導我們遊走世界。腦究竟遺漏多少更精細的細節，並不總是顯而易見。我們常常會有錯覺，以為自己理解周遭的世界到了十分詳盡的地步。但是1960年代的一項實驗顯示並非如此。

俄羅斯心理學家雅布斯（Alfred Yarbus）設計出了一種方法，可以追蹤人們初次看到某個景象時眼睛如何移動。他利用列賓（Ilya Repin）的畫作〈意外的訪客〉（*The Unexpected Visitor*），要求受試者在三分鐘的時間內仔細端詳，然後他把畫收起來，請他們描述看到的東西。

我重複他的實驗，給予參與者時間觀察這幅畫，讓他們的腦能夠建立這個畫面的內在模型。但是，這種模型有多詳盡？當我問參與者問題，看過畫的每個人都認為，自己知道畫裡有什麼東西。然而當我問到細節，很明顯的，他們的腦

▲ 我們請志願者觀賞列賓的畫作〈意外的訪客〉，一邊追蹤他們的眼球運動。白色線條代表他們的視線掃到之處。即使眼球運動覆蓋了整個畫面，參與者還是幾乎記不得任何細節。

並沒有記取大多數細節。牆上有多少幅畫？房間裡有什麼家具？有幾個小孩？鋪在地上的是地毯或是木質地板？這位意外訪客的臉上有什麼表情嗎？

參與者無法全部答對，這表示人類對畫面只有大略的印象。即使內在模型的解析度這麼低，他們仍然以為自己看到了所有東西，這項發現讓他們很驚訝。過一會兒，在問完問題之後，我給他們機會再看這幅畫、找出一些答案。他們的眼睛會找出資訊，結合到修正後的新模型中。

這並非腦的能力不足。腦不會嘗試建立外在世界的完美模擬，內在模型只是快速描繪出來的草圖，腦只要知道哪裡能找到更細微處即可，更多細節會以「需要知道時再補」的基準來增補。

為什麼腦不提供我們全貌？因為腦是耗能的昂貴配備。我們攝取的熱量，有20%用於驅動腦。所以腦嘗試盡量用最節能的方式來運作，這表示它只處理我們闖蕩世界所需的最少感覺資訊量。

即使你凝視某樣東西，也不保證你能看見它，神經科學家不是最先發現這件事的人，魔術師老早就知道了。魔術師會引導觀眾的注意力，在眾目睽睽下展現巧妙的手法。魔術師的動作很可能會被看出破綻，但是他們老神在在，因為你的腦能夠處理的視覺場景資訊量很小。

這些都有助於解釋某些屢見不鮮的交通事故：汽車駕駛在視線沒有受到遮蔽的情況下撞到行人，或是直接撞上前面的車輛。許多案例中，汽車駕駛的眼睛雖然注視正確的方向，但是腦並沒有看到外面發生的真實情況。

## 沉浸於自己的小片天地

我們把色彩當作周遭世界的基本特質之一，但是色彩其實不存在於外在世界。

當電磁輻射照射到物體上時，有些電磁輻射會反射出來，由我們的眼睛接收。我們能分辨出數百萬種不同波長，但只有在我們的腦裡，這些波長才會變成色彩。我們把波長詮釋為色彩，色彩只存在於腦裡。

更奇怪的是，我們提及的波長只限於所謂的「可見光」，可見光涵蓋了從紅光到紫光的波長光譜。但是可見光僅占電磁波譜的一丁點，不到十兆分之一。光譜的其餘部分，包含無線電波、微波、X射線、$\gamma$ 射線、手機通話信號、wi-fi信號等，此刻這些電磁波正通過我們身體，我們卻毫無所悉。這是因為我們身上沒有特化的生物受體，所以不能接收電磁波譜其他部分的訊號。

受到自身生物構造的局限，我們能看到的現實，只是真實世界的一小片段。每一種生物都只熟悉自己的那一小片現實。蜱生活在又盲又聾的世界中，牠從環境偵測到的訊號是溫度與體味。對蝙蝠來說，牠利用空氣壓縮波進行

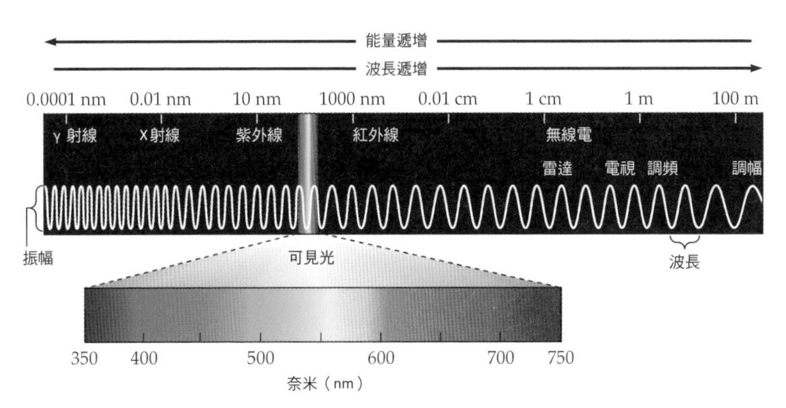


▲ 人類只能偵測到電磁波譜承載的少許資訊。標示「可見光」的七彩薄片，組成的成分與其他部分的光譜一樣，但只有這個部分是我們與生俱來的生物受體可以接收的。

回音定位。對線翎電鰻而言，牠體驗到的世界，由電場擾動來定義。這些是牠們在所處的生態系中，能夠偵測到的片段。沒有一種生物能體驗到真正存在的客觀現實；每一種生物能感知到的現實，只由演化而來的能力所決定。但是想必每一種生物都認為，自己的那一小部分現實就是整個客觀世界。那麼，我們為何會駐足想像，自己感知的世界以外還有其他東西？

你腦袋以外的世界，真正「看」起來究竟如何？那裡不僅沒有色彩，也沒有聲音。耳朵先接收到空氣的壓縮與膨脹，再轉成電訊號，然後腦把這些訊號以悅耳音調、窸窣聲、嘩啦聲、叮噹聲呈現出來。現實中也沒有氣味，在我們的腦袋以外，沒有氣味這回事。有一些飄在空氣中的分子與我們鼻子裡的受體結合，接著由腦子詮釋為各種氣味。真實世界並沒有充滿感官聲色，而是我們的腦運用它享受感官刺激的能力，使得這個世界變得豐富燦爛。

## 你的現實，我的現實

你怎麼知道我的現實和你的現實一樣？對我們大多數人來說，這根本很難區別，但是有一小撮人感知到的現實和我們截然不同。

來看看玻思里（Hannah Bosley）的例子。她看到字母時，會產生一種內在感受，讓她感覺到色彩。對她來說，J

是紫色，T是綠色，是不證自明的事實。字母自動引發色彩經驗，這種經驗無法控制，而且她的聯想是固定的。對她來說，自己的名字「漢娜」（Hannah）如同日落時的色彩，一開始是黃色，漸層至紅色，然後是雲朵的顏色，再回到紅色，最後是黃色。相對的，她覺得「伊安」（Iain）這個名字的顏色像嘔吐物，不過她對名叫伊安的人還是很和善。

玻思里可不是詩興大發或有所隱喻，她的這種知覺經驗稱為「聯覺」或「共感覺」。聯覺是不同感覺（有的例子是概念）混雜在一起的狀況。聯覺有好幾種：有些人看到文字會感覺到味道；有些人聽到聲音會看到顏色；有些人進行目視動作時，會聽到聲音。大約有3%的人，具有某種形式的聯覺。

我的實驗室研究過六千多位具有聯覺的人，玻思里只是其中一位，事實上，她在我的實驗室工作了兩年。我研究聯覺，因為那是少數狀況，清楚顯示有人感受到現實的經驗與我大不相同。這說明我們感知這個世界的方式，顯然並非一體適用。

聯覺是腦中不同感覺區域的訊號互相干擾的結果，這就像鄰近地區之間有可穿越的邊界。聯覺讓我們知道，腦中布線發生的變化即使很微小，也會使人感受到不同的現實。

每次遇到有這種經驗的人，都提醒了我：我們每個人內在體驗到的現實可能有些不同，因人而異，因腦而異。

## 無條件相信腦編出來的故事

我們都知道晚上做夢是怎麼回事，那些不請自來的怪異念頭帶領我們踏上旅程，有時候我們還得忍受令人心煩的旅程。不過好消息是，一旦我們醒來，便能夠區別那是夢境，這是我的清醒生活。

想像一下，如果現實中的這些狀況糾纏不清，使你很難或甚至無法分辨妄想與真實，情況會是如何。大約有1%的人遇到這種分別上的困難，他們的現實變得十分嚇人且難以抵擋。

薩克斯（Elyn Saks）是南加州大學的法學教授，聰明機智、為人和善，自十六歲起，不定期經歷思覺失調發作期。思覺失調症（過去稱為精神分裂症）使她的腦運作失常，她會聽到聲音、看到別人看不到的東西，或相信有人正在讀取她的思想。幸好，依靠藥物治療和每週的心理治療會談，薩克斯能在法學院教書授課超過二十五年。

我到南加州大學和薩克斯談話，她舉例說明自己過去思覺失調發作時的情形。「我覺得房子在跟我交談，它們會說：『你很特別。』『你特別糟糕。』『悔改吧！』『停！』『走！』我並非聽到話語，而是植入我腦海裡的思想。但我知道那是房子的思想，而不是我的思想。」有一回，她相信她的腦中發生爆炸，擔心除了傷到自己，還會波及其他人。另一次，她深信自己的腦漿快從耳朵流出來，把人淹死。

現在她已經擺脫那些妄想，能夠開懷大笑，聳聳肩不當回事，並尋思這究竟是怎麼一回事。

這都是由於她腦中的化學不平衡，導致訊號模式產生微妙變化。訊號模式的些微不同，會讓人突然陷入由怪異與不合理情節構成的現實。薩克斯在思覺失調發作期的時候，從沒想過事情不對勁。為什麼？因為她相信了腦中所有化學物質一起編織出來的故事。

我以前讀過一篇醫學文章，裡面把思覺失調症描述成是做夢狀態入侵清醒狀態。雖然我現在很少見到這樣的說法，但那倒不失為一種透澈的觀點，可以從內在了解這類經驗。下次你看到街角有人自言自語、煞有其事的表演起來，可以提醒自己，如果你無法分辨清醒與睡著的狀態，就會如此。

薩克斯的經驗提供我們介入的管道，得以理解自己的現實。當我們在夢境中，一切顯得那麼真實。當我們匆匆瞥過一件事物，產生了錯誤詮釋，卻很難改變自己認定的所見現實。當我們回想起一段其實是虛假的記憶，很難接受那段記憶不曾發生的說法。雖然無法量化，但這種虛假現實日積月累，以不得而知的方式，扭曲了我們的看法與行為。薩克斯無論是身陷妄想之中，又或者身在和更多人一致的現實之中，她都相信自己的經歷真實發生過。對她和我們所有人來說，現實是在封閉頭顱劇院內上演的故事。

## 時間似乎停止了

我們很少停下來思考現實的另一個面向：腦的時間感有時候可能相當奇怪。在某些情境下，我們的現實似乎過得比較慢，或過得比較快。

我八歲的時候從屋頂墜落，覺得似乎花了很長一段時間才掉到地上。到我上高中學了物理，計算出那次墜落實際上花了多少時間，結果是0.8秒。於是我開始嘗試理解：為什麼那次墜落的時間感覺起來那麼長？這能告訴我關於現實知覺的什麼事情？

站在高山上，專業的翼裝飛行家柯里斯（Jeb Corliss）體驗到了時間扭曲。一切始於特殊的縱身一躍，雖然他以前曾經這樣往下跳。但是這一天，他決定對準特定目標，打算用身體撞破一組氣球。柯里斯回憶道：「我飛過來，想去撞一顆繫在花岡岩凸出處的氣球，但誤判了情勢。」他估計自己以大約時速190公里的速度撞上一大片花岡岩盤，整個人彈了出去。

因為柯里斯裝備齊全，這一天發生的事故，由架在懸崖上，以及安裝在他身上的一系列攝影機拍下來。影片中，當柯里斯撞到花岡岩時，我們可以聽到砰的一聲。他高速飛過攝影機，繼續疾衝，從他剛擦過的懸崖側壁邊緣翻出去。

柯里斯在這裡感覺到時間暫停了。如同他的描述：「我

▲ 翼裝飛行過程中的一個小計算錯誤，讓柯里斯遭受生命危險。他對這起事故的內在體驗，不同於攝影機拍到的影片。

的腦分成兩個獨立的思考程序。有一個思考程序都是關於技術資料。你有兩個選項：不拉下開傘索，繼續往前衝、撞到東西，然後基本上就死掉了。或者，拉下開傘索，降落傘在頭上張開，然後在等待救援的時候失血而死。」

對柯里斯來說，兩個獨立思考過程好像花了幾分鐘的時間：「就像是你的動作太快，對其他事情的知覺似乎變慢，每件事情都拉長了。時間慢了下來，你覺得好像在進行慢動作。」

他拉下開傘索，歪歪斜斜撞上地面，結果一邊的大腿、雙腳膝關節、三根腳趾頭都骨折了。柯里斯撞上岩石的那一瞬間，到他使勁拉下開傘索的那一剎那，過了6秒鐘。但就像我從屋頂摔下的經驗，對他來說，時間拉長了許多。

在許多經歷生死關頭的報導中，例如遭遇車禍或搶劫，都曾描述這種對時間的主觀感受；目睹心愛的人面臨危險，比方說自己的小孩掉入湖裡，也會有這種經驗。這些報導的特色是，當事人感覺到事情的發展比正常速度慢，他們能夠記得更多細節。

當我從屋頂掉落，或是當柯里斯從懸崖邊緣彈飛出去的時候，我們的腦子發生了什麼事？時間在令人恐懼的情境下真的會變慢嗎？

幾年前，我和學生一起設計實驗，探討這個未解的問題。為了引發參與者的極度恐懼，我們讓人從大約45公尺的高度往下掉，而且是讓他們往後自由落下。

在這項實驗中，參與者落下時手腕戴著數字顯示器，那是我們發明的裝置，稱為知覺計時器（perceptual chronometer）。參與者要回報從手腕上的裝置看到的數字。如果他們真能感受到時間變慢，那麼應該能看到數字。但是沒人看得到。

那麼，為什麼柯里斯和我回想起意外時，覺得事情的發生過程像在進行慢動作？答案似乎在於我們儲存記憶的方式。

在遭受威脅的情境下，腦中有一處稱為杏仁體的區域會進入備戰狀態，並調集腦子其他部位的資源，強迫全體成員注意眼前的狀況。杏仁體在運作的時候，記憶會儲存得比正

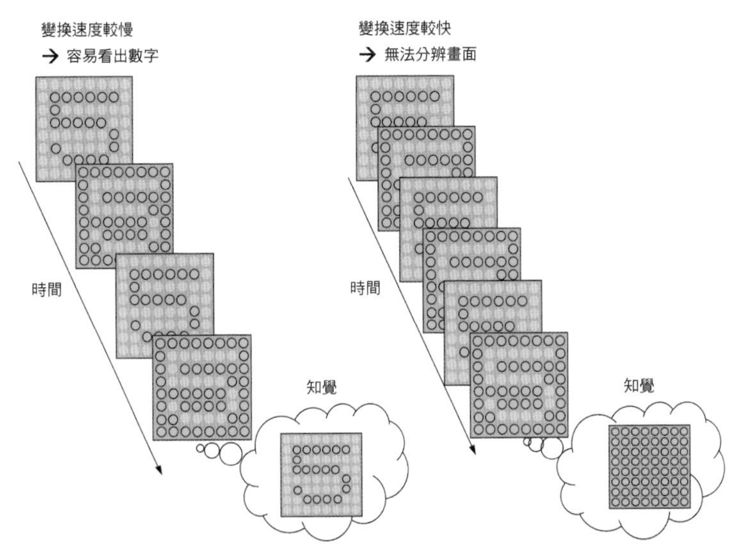


▲ 當知覺計時器上的數字畫面變換得比較慢時，實驗參與者能夠看出數字。如果畫面變換得稍微快一些，參與者就看不出來。

常情況下更仔細，也更豐富；這代表次級記憶系統已經啟動。畢竟，這就是記憶的用途：記錄重要的事件，若是你以後遇到類似情境，腦就有較多資訊，提高你生存下來的勝算。換句話說，當事態可怕到會威脅生命，正是全神貫注的好時機。

有趣的副作用是：你的腦並不習慣那種記憶密度（引擎蓋翹起變形、後視鏡掉落、對方駕駛長得像我的鄰居鮑伯），所以當事件在你的記憶中重新播放時，你的詮釋是：該事件必定經過更長的時間。換句話說，我們實際上沒有以慢動作的方式經歷可怕意外，而是讀取記憶的方式導致了這

## 測量視覺的速度：知覺計時器

為了測試在面臨恐懼情形下的時間知覺，我們讓志願者從大約45公尺的高處掉下。我自己試了三次，每一次都很恐怖。顯示器上的數字是以LED小燈泡來顯現的。每一次畫面變換，原先亮著的燈泡會熄滅，原先熄滅的燈泡會變亮，也就是正負影像交替出現。畫面變換速度較慢時，參與者可以輕而易舉的回報數字；但是變換速度稍微加快之後，正影像和負影像融合在一起，使得數字難以辨識。

為了確定參與者是否真的會看到東西以慢動作展現，我們把人丟下去，而且把他們手腕上顯示器的變換速度調得比一般人能正常看清楚的情況還快一些。如果他們確實能看到事情以慢動作呈現，如同電影《駭客任務》中的尼歐那樣，就能清楚辨別數字。若非如此，那麼他們能夠看清的數字變換速度，就會與在地面上時毫無二致。

結果呢？我們把23位志願者扔下去，包括我自己。所有人在墜落過程中的表現，並沒有比雙腳踩在地面上好。儘管一開始曾抱著希望，但我們都不是尼歐。

種印象。當我們自問：「剛才發生了什麼事？」記憶的細節說那一定是慢動作，即使並非如此。我們的時間扭曲是在回想過程中發生的，是為我們寫下現實故事的記憶變出來的把戲。

現在，如果你曾經遭遇危及生命的意外，或許會堅稱自己意識到事情以慢動作發生。但是請注意：那是關於意識現實的另一個把戲。如同前面提及各種感覺的同步時，我們知道我們從來沒有活在當下。有些哲學家主張，意識覺察不過是快速的記憶查詢，我們的腦老是在問：「剛才發生什麼事？剛才發生什麼事？」因此意識經驗真的只是立即性記憶。

附注補充一點，即使在我們發表了這個主題的研究後，有些人仍然跟我說，他們很肯定事情確實就像慢動作電影那樣發展。我通常會問，和他們同車的人是否像慢動作影片中那樣，用變低的音調大叫：「不——」他們只得承認並沒有發生那種情形。這有部分說明了，為何我們認為知覺時間確實沒有變長，儘管個人的內在現實覺得時間變長了。

## 誰在說故事

你的腦提供故事，而我們每一個人都相信它說的故事。無論你被視錯覺愚弄，或相信困住你的夢境，或體驗到字母有色彩，或在思覺失調症發作時以為妄想是事實，不管腦怎麼編寫劇本，我們都信以為真，接受這些現實。

儘管我們覺得是自己直接體驗到外在世界，但我們的現實最終是在黑暗中建構出來的，以陌生的語言——電化學訊號編寫而成的。翻騰於廣大神經網路的活動轉變成了你的故事：你對於手上這本書的感想、你聞到的玫瑰香氣、你聽到別人說話的聲音，都是你對這個世界的私人體驗。

更奇怪的是，每一顆腦袋說的故事可能會有點不同。對有好幾位目擊者的情況來說，每一顆腦袋會感受到不同的特有主觀經驗。目前有七十億顆人腦（還有成兆以上的動物腦）在這個行星上漫遊，因此不可能只有單一版本的現實。每一顆腦袋都承載著自己的現實。

那麼，現實是什麼？現實就像只有你能收看的電視節目，而且無法關掉。好消息是，播放的正是你能找到的最有趣節目，是專為你剪輯、量身製作，且只為你演出的節目。

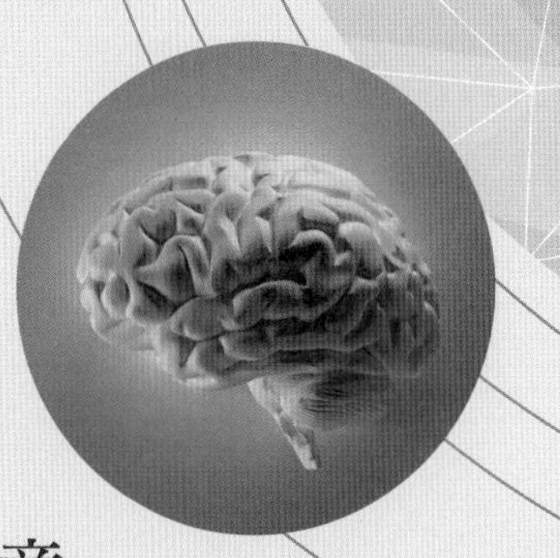

# 第3章 誰在掌控我們？

人類凝視夜空，發現宇宙比我們曾經想像的還要廣闊。
我們頭顱內的宇宙同樣浩繁，超出我們意識經驗所能及。
今天，我們正初次瞥見這內在空間的宏偉。
你似乎只需費吹灰之力，就可以認得朋友的臉孔、開車、聽懂笑話，
或決定從冰箱拿出什麼東西，
但事實上這些事情能完成，
只因為在你意識不察下進行了大量計算。
就如同你人生中的每一刻，此刻你腦中的網路生氣蓬勃，
數十億電訊號沿著細胞疾速奔行，
引發神經元間連結處的上兆次化學脈衝。
簡單行動的背後，有賴神經元的全力以赴。
你無憂無慮，對這些活動渾然不覺，但是由此產生的實際表現，
好比你如何行動、你在意的事情、你的反應、
你的愛好與渴望、你信以為真或認為虛假的事情，
讓生活變得多采多姿。你的經驗是這些隱密網路的最終輸出成果。
所以，究竟是誰在掌舵？

## 意識是怎麼來的？

現在是清晨。太陽從地平線探出來偷窺大地，而鄰近的街坊仍是一片沉寂。你所在城市的每一間臥室，都正在發生令人驚奇的事情，那就是人類意識開始閃啊閃的活躍了起來。意識堪稱是我們這顆行星上最複雜的事物，此時它將要覺察到自己的存在了。

不久前，你也還在沉睡。那時你腦中的生物物質和現在一樣，但是它的活動模式有了些微改變，這一刻你正在享受各種經驗。你在閱讀紙上的潦草字跡，從中汲取意義。你或許正感受到陽光晒在皮膚上、微風吹拂頭髮。你能夠料想到舌頭在嘴巴中的位置，或是感覺到穿在左腳上的鞋子。由於你是清醒的，此時你覺察到身分認同、人生、需求、渴望、計畫。既然這一天已經展開，你隨時都在思索自己的關係與目標，並據此導引你的行動。

但是，意識覺察對你的日常運作到底有多大的主導權？

想想你如何閱讀這些句子。當你的眼睛掃過這一頁，你幾乎沒有覺察到眼睛的快速跳躍。你的眼睛並非平順移過頁面進行掃視，而是把目光投注在一個定點，再到下一個定點。你的眼睛在跳躍時，由於速度太快而無法閱讀。只有在你停下來，凝視某個位置時，眼睛才能夠把文字看進去，每一次移動通常約需要20毫秒的時間。眼睛的跳躍、移動、停止、開始，我們一無所覺，因為你的腦不辭辛勞，想讓你對外在世界有穩定的知覺。

閱讀甚至還有更奇怪的地方，想想以下的情形：在你閱讀這些文字時，這串符號的意義直接流入你的腦中。為了讓你理解其中牽涉到的複雜情形，請試著閱讀下方以其他語言表示的同樣訊息：

আপনার মস্তিষ্কের মধ্যে সরাসরি চিহ্ন এই ক্রম থেকে প্রবাহ অর্থ
эта азначае , патокі з сімвалаў непасрэдна ў ваш мозг
당신의 두뇌 에 직접 심볼 의 흐름을 의미

如果你碰巧看不懂孟加拉文、白俄羅斯文、韓文，那麼在你看來，這些文字彷彿奇怪的塗鴉。可是一旦你精於閱讀某種文字，閱讀時會有毫不費力的錯覺：我們從不知道破解這些曲折筆畫其實是很艱難的差事。你的腦負責了幕後處理的工作。

所以，到底是誰在掌控？你是自身這艘船的船長嗎？或者你的決策和行動，與大量看不見的神經機械運轉更有關係？你日常生活的品質與良好的決策有關嗎？還是跟茂密的神經元叢林以及忙碌不休的無數化學傳遞事件有關？

在這一章，我們將會發現，「意識的你」只是你腦袋活動的一小部分。你的行動、信仰、偏見，全受到腦中網路的驅使，而你的意識卻無法連接到那些網路。

## 潛意識腦的祕密行動

想像我們一起坐在咖啡館裡。我們閒聊時，你注意到我拿起咖啡杯啜飲一口。喝一口咖啡這項舉止實在不足為奇，通常不值一提，除非我把咖啡濺到襯衫上。但是這個動作值得我們讚揚，因為把杯子拿到嘴邊，可不是一件簡單的作為。機器人科學領域也還在努力奮鬥，想讓機器人流暢無阻的執行這類任務。為什麼？因為這種動作看似簡單，背後卻需要腦精密協調數十億電脈衝為基礎。

我的視覺系統先掃描畫面，確定面前咖啡杯的位置，然後多年經驗觸發在其他情形下與咖啡相關的記憶。我的額葉皮質發出訊號前往運動皮質，運動皮質可以精確協調肌肉收縮，透過身軀、上臂、前臂和手掌，我能夠握住杯子。當我碰到杯子，神經傳回大量的資訊，例如咖啡杯的重量、空間位置、溫度、把手是否滑溜等等。那些資訊沿著脊髓往上流回腦中，而補償資訊往下傳，兩種資訊交會的情形如同雙向道路的高速車流。

這些往下傳的資訊來自腦的各部位，像是名為基底核、小腦、體感覺皮質等區域，以及更多腦區複雜共舞的結果。在若干分之一秒的時間內，我用來舉起及緊握杯子的力氣已經進行了調整。經過密集計算及回饋，在我流暢移動杯子，讓它以長弧動線升高時，我調整肌肉以保持杯子的高度。整個過程中，我一直在進行微調，當杯子靠近嘴唇時，我傾斜

# 腦森林

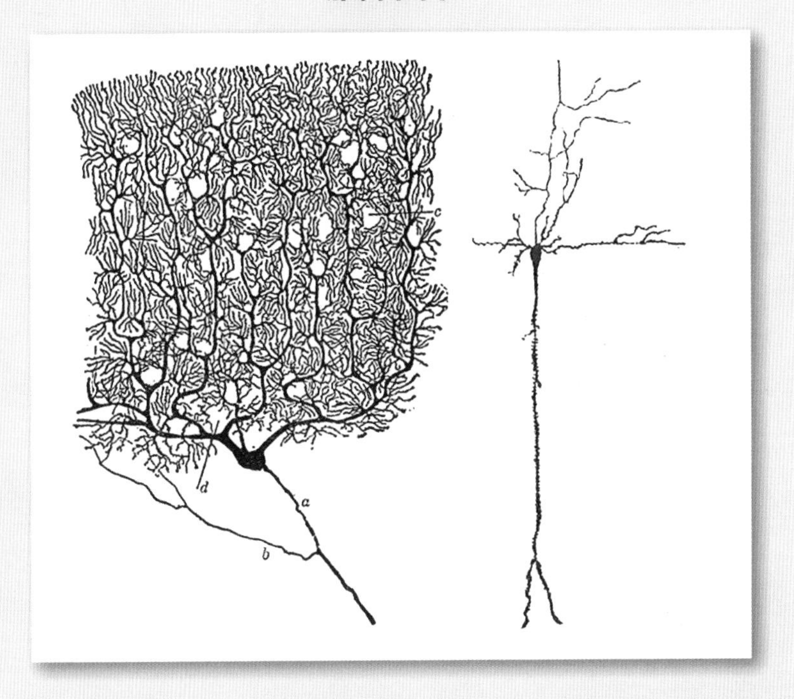


在 1887 年，西班牙科學家拉蒙卡厚爾（Santiago Ramón y Cajal）開始利用自己的攝影背景，把化學染色劑應用於腦組織切片上。這項技術使腦中的個別細胞，連同它們美麗的分枝結構一起現形。我們漸漸清楚，腦是極複雜的系統，無與倫比，難以言喻。

隨著大量生產的顯微鏡，以及細胞染色新方法的問世，科學家終於開始能夠以一般用語描述組成腦的神經元。這些奇妙結構的形狀和大小變化多端，縱橫相連形成無法穿透的茂密森林，科學家花了接下來幾十年的時間在解開這些糾結。

杯子，讓咖啡得以流出，但不會流出太多而燙到自己。

順利完成這項壯舉所需的計算，需要集合全世界數十臺最高速超級電腦的計算能力才能達成，然而我卻對腦中的這場雷霆風暴毫無所知。雖然我的神經網路發出磅礴怒吼，但是我的意識覺察體驗到的，完全是另一回事，比較像是漫不經意的舉動。「意識的我」全神貫注在會話上，我甚至專心到拿起杯子時，可能還在改變通過口中的氣流，繼續維持這場複雜的對話。

我只知道把咖啡喝到嘴裡了沒有。如果這件事執行得很完美，我很可能甚至全然沒注意到自己做了這項舉動。

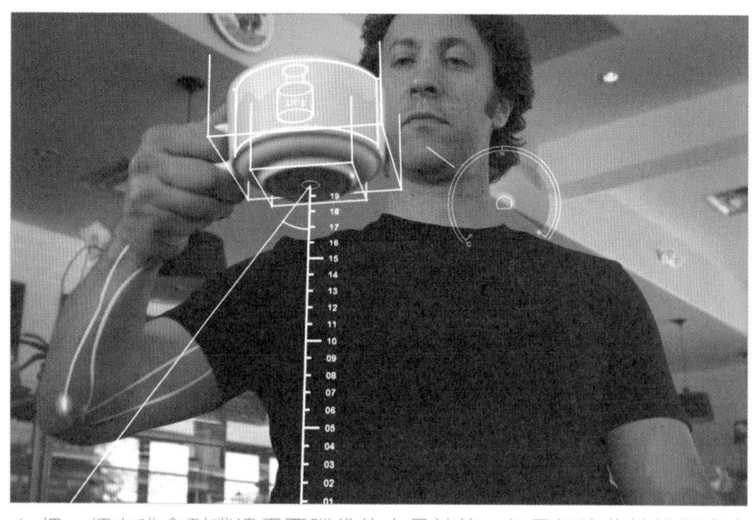


▲ 把一杯咖啡拿到嘴邊需要腦袋的大量計算，如果把這些計算描寫出來，可以寫成幾本書。但是我的意識心智完全沒有覺察，我只知道我是否把咖啡喝到嘴裡。

我們腦的潛意識機械總是一直在運作，它執行得如此順暢，以致於我們一般不會發覺它在工作。因此，通常在它停工的時候，我們才最容易察知到它的運作。如果我們一定要有意識的去思考平時視為理所當然的簡單動作，例如走路這種直截了當的行為，情況會是如何？為了弄清楚這些事，我去拜訪瓦特曼（Ian Waterman）。

瓦特曼在十九歲時，罹患了可怕的腸胃型感冒，神經遭受罕見的傷害。他的感覺神經壞死，不再能夠把觸覺及自身的肢體位置（稱為本體感覺）告訴腦部，結果瓦特曼的身體再也無法自然的動作。儘管事實上他的肌肉功能良好，然而醫生告訴他，他的餘生都要在輪椅上度過。一個人如果不知道自己身體的位置，根本無法四處走動。雖然我們很少停下來讚美、感謝這件事，然而是我們從這個世界，以及本身肌肉得到的回饋，才使得我們能在日常的每一刻完成複雜的動作。

瓦特曼不願意受限於這種狀況，不想過著無法自由行動的人生。所以他奮發振作，站起來走路，但是在清醒的時刻，他都需要用意識去思考身體做出的每一個動作。瓦特曼無法覺察自己的肢體在哪裡，必須集中精神用意識來判斷。他會運用視覺系統監測四肢的位置，走路時把頭往前傾，盡量看到自己的四肢。為了保持平衡，他會確保自己的手臂往後擺來加以輔助。因為瓦特曼無法感覺自己的腳踩到地板，他必須預先考慮每一步的精確距離，然後再用腳穩穩的跨出

# 本體感覺

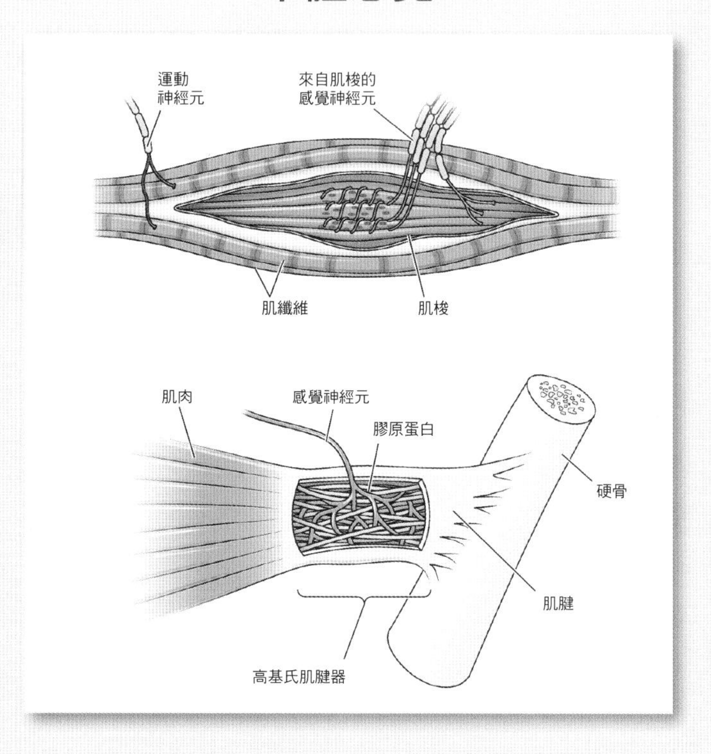


即使閉上眼睛，你仍然知道自己的肢體在哪裡，例如：你的左手臂現在是舉起或放下？你的雙腿是伸直還是彎起來？你的背是挺直或駝著？這種知道自己肌肉狀態的能力，稱為本體感覺。肌肉中的受體、肌腱及關節，提供關節角度與肌肉張力的資訊。這些資訊總合起來，提供腦關於身體姿勢的豐富景象，並讓你有餘裕進行微調。

你可以暫時體驗失去本體感覺的情況，如果你用發麻的那條腿來帶動走路。那些擠在一起的感覺神經受到壓迫，使原本訊號的傳送與接收受阻。要是感受不到自己肢體的位置，即使是簡單如切菜、打字或走路等動作，你幾乎都無法完成。

▲ 瓦特曼生了一場罕見的疾病之後，就感覺不到從身體發出來的訊號。他的腦袋再也沒有辦法接收到觸覺和本體感覺。於是他踏出的每一步都需要有意識的計畫，並需要以視覺系統隨時監測四肢。

去。他跨出去的每一步，都經過腦有意識的計算和協調。

瓦特曼因為失去了自然行走的能力，所以他非常清楚，我們大部分人散步時視為理所當然的協調作用，根本是奇蹟。他指出，周遭的人可以到處活動，暢行自如，完全沒有覺察到有一種神奇的系統在操縱整個過程。

如果稍微不專心，或是腦中閃過不相關的念頭，瓦特曼就很可能跌倒。當他專注於最微小的細節，好比說地面的坡度、腿的擺動幅度之時，得把所有令人分心的念頭先收起來。

要是你花一些時間與瓦特曼相處，即使只有一兩分鐘，馬上就會清楚我們每天的行動，例如起床、穿過房間、開門、伸出手與別人握手，有多麼繁複，而我們甚至認為那些無足掛齒。但不管印象如何，那些動作一點也不簡單。下一次你看到有人走路、慢跑、溜滑板或騎腳踏車，不妨花點時間欣賞，你不只會讚歎人體之美，更會對腦精心協調人體的潛意識力量感到驚奇。

我們的基本動作如此複雜精巧，大多由腦中數兆次計算過程所推動，並在超出你眼睛所能看到的微小空間尺度，也在超出你能理解的複雜尺度中高速執行這些計算。我們至今製造出的機器人，連人類技能的皮毛程度都還達不到。與超級電腦的驚人電費帳單相比，我們腦袋執行工作的效率好得出奇，所需的能量只相當於一顆60瓦的燈泡。

## 烙進腦線路中的技能

神經科學家通常藉由研究有某方面專長的人，來解開關於腦如何運作的線索。為了這個目的，我去見納柏（Austin Naber），一位天賦非凡的10歲男孩，他是競技疊杯運動的兒童組世界紀錄保持者。

納柏把一落塑膠杯疊成三個對稱的金字塔，手法迅速且流暢，你的眼睛完全無法跟上。然後，他雙手快速飛舞，把金字塔收回成兩落杯子，再變成單一個大金字塔，最後還原成一落杯子，回到最初的狀態。

他在5秒之內完成所有動作。我自己試過，我最好的成

# 腦波

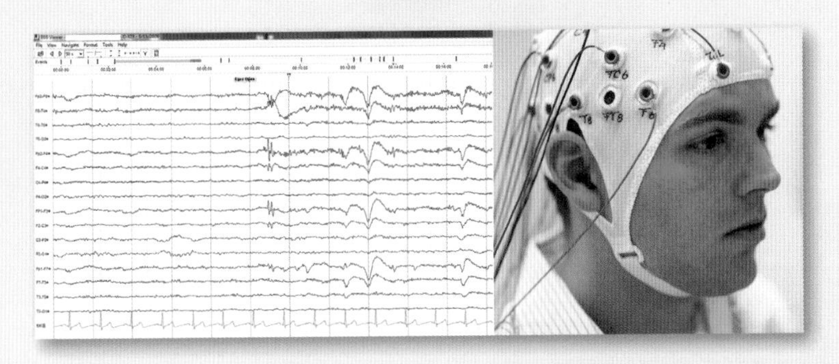

腦波圖是我們竊聽腦中神經元活動形成整體電活動的方法。我們把小型電極貼附在頭皮表面上，來接收腦波；「腦波」是口語中用來指內在神經元絮叨交談所產生的平均電訊號。

德國的生理學家暨精神科醫師貝爾格（Hans Berger）在1924年首度記錄下人類的腦波圖，到了1930年代和1940年代，研究人員分辨出了幾種不同的腦波：發生於睡眠時的德爾塔波（δ 波，頻率低於4赫）；與睡眠、深度放鬆及腦海中圖像相關的西塔波（θ 波，頻率4 – 7赫）；我們放鬆與冷靜時產生的阿法波（α 波，頻率8 – 13赫）；當我們積極思考或解決問題時出現的貝他波（β 波，頻率13 – 38赫）。後來又陸續辨識出其他重要的腦波，包括伽瑪波（γ 波，頻率39 – 100赫），這種腦波與全神貫注的心智活動有關，例如進行推理和做規劃。

我們腦的整體活動混合了不同頻率的腦波，不過依據我們正在進行的事情，某種腦波會表現得比其他腦波顯著。

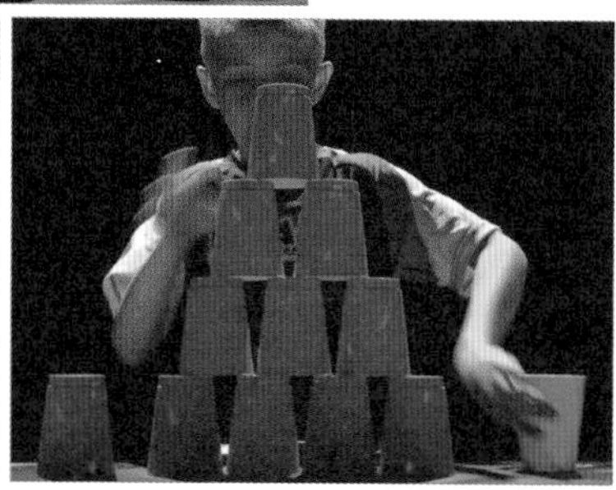

▲ 納柏是競技疊杯運動10歲以下類組的世界冠軍。他執行一套特定的例行動作，能夠在數秒內，把杯子向上疊成金字塔，再向下收杯。

績是43秒。

觀看疊杯中的納柏，你或許會料想他的腦正在超時工作，燃燒極多能量來協調，讓這些複雜動作能夠快速完成。為了驗證我們的預期是否正確，在一場疊杯正面決戰中，我著手測量他和我的腦活動。在康特雷拉斯維道爾（José Luis Contreras-Vidal）博士的協助下，納柏和我戴了布上電極的帽子，以測量顱骨下一群群神經元引發的電活動。我們兩人的腦波可以從腦波圖讀出，再以此比較我們在執行任務中的用腦程度。這些裝備架設在我們兩人頭上，相當於開了一扇簡便的窗戶，可以隱約窺視我們頭顱中的世界。

納柏帶著我排練他那套動作的步驟。為了不要輸給10歲男孩太多，在正式挑戰之前，我反覆練習了大約20分鐘。

到頭來，我的努力似乎徒勞無功。納柏打敗了我。當他啪嗒啪嗒成功的把杯子疊成最後的形狀時，我甚至還沒完成整套動作的八分之一。

我被打敗並不令人意外。然而腦波圖顯露出什麼頭緒？如果納柏完成所有動作的速度是我的8倍快，那麼我們似乎可以合理假設他消耗了更多的能量。但是這項假設，忽略了腦從事新技能的基本規則。腦波圖顯示，超時工作的是我的腦，而非納柏的腦，我在進行這項複雜的新任務時，腦燃燒的能量多得驚人。我的腦波圖在貝他波的頻帶表現出高活性，這種腦波與廣泛解決問題有關。另一方面，納柏在阿法波頻帶的活性很高，阿法波與休息中的腦有關。雖然納柏的動作迅速且繁複，他的腦卻很平靜。

◀有意識的思考會消耗能量。左圖顯示我的腦袋（左）和納柏腦袋（右）的腦波圖活性。顏色代表活性的強度。

納柏的天分和速度最後使得腦產生實質變化。長年練習下來，他腦中產生實質連結，形成特定模式。他已經把疊杯技巧刻劃進神經元結構中。這麼一來，納柏現在疊杯時消耗的能量很少。相反的，我正有意識的絞盡腦汁，想要解決這個問題。我使用的是通用認知軟體，而他已經把這些技巧轉變成專用認知硬體。

我們練習新技能時，那些技能會從意識層次往下穿透，變成實質線路的一部分。有些人喜歡把這種情形稱為肌肉記憶，但是這些技巧其實並非儲存在肌肉裡，例如疊杯這種整套的動作，是透過納柏腦中茂密的神經連結加以協調完成的。

經過多年的疊杯練習，納柏腦中網路的細微結構已經產生改變。「程序性記憶」是一種長期記憶，代表如何自動自

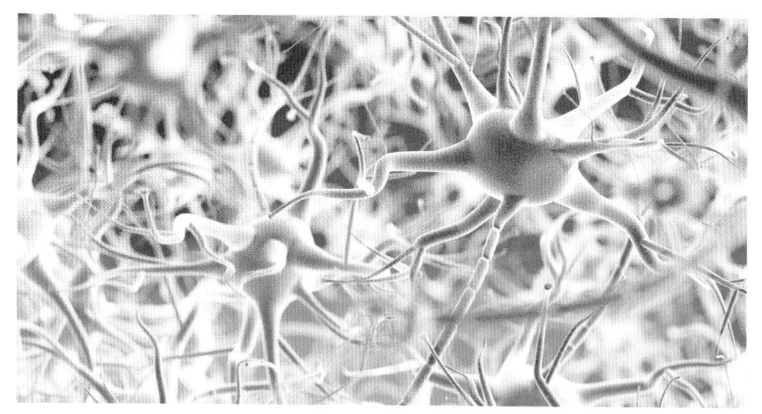

▲ 熟練的技巧會寫入腦袋的細微結構中。

發完成事情的記憶，這些事包括騎腳踏車或綁鞋帶。對於納柏來說，疊杯早已變成寫入腦部細微結構中的程序性記憶，所以他的動作既迅速敏捷又節省能量。透過練習，同樣的訊號反覆通過神經網路，使突觸受到強化，這項技能就這樣烙進腦的線路裡。事實上，納柏的腦已發展出這項專長，他能戴眼罩表演整套動作，毫無差錯。

我的情形是，在學習疊杯時，我的腦徵召的是遲鈍緩慢又耗費能量的區域，像是前額葉皮質、頂葉皮質和小腦，這些都是納柏進行例行動作時，不再需要用到的部位。學習新運動技能的初期，小腦的角色尤其重要，若想要掌握正確、完美的時機，需要小腦協調動作流程。

當一項技能烙進了硬體線路，它就已經往下穿透，不再受意識層次的掌控。到了那種地步，我們就能不假思索的，自動執行某種任務，也就是不需要意識覺察。在一些例子中，有的技能深植於硬體線路中，構成技能基礎的線路甚至出現在腦之下的脊髓裡。這種現象可以在進行實驗的貓身上看到，這些貓咪的大部分腦組織被切掉，卻仍然可以在跑步機上正常走動，這顯示與步態相關的複雜程式儲存於神經系統的較低階層中。

## 不假思索的自動駕駛模式

我們的一生中，腦一直在重新改寫自己，為達成任務，打造出專用線路，不論那是走路、衝浪、雜耍、游泳或駕駛。腦能把程式燒入本身的結構中，這是它最厲害的招式之一。透過把專用線路寫進硬體中，就可以使用很少的能量來完成複雜的動作。一旦這些技巧蝕刻到腦線路中，我們便可以不假思索展現這些技巧，而不需要耗費意識的心力，於是可以騰出資源，讓「意識的我」去注意、學習其他任務。

這種自動化帶來的後果是：新技能進入更深沉的境界，那是意識無法觸及之處。由於你無法獲悉暗中實際執行的專用程式，所以你並不確切清楚自己究竟如何做到那些事情。當你一邊跟人交談，一邊爬樓梯時，你不知道自己如何計算出為了保持身體平衡所需要的許多細微修正，以及如何想出讓舌頭發出正確語音的靈活動作。你不一定總是能夠進行這些困難的任務。但因為你的動作已經變成潛意識的自動化動作，由此造就你無須思考即可以完成事情的能力。我們很熟悉這種感覺，你沿著每天必經的路線開車回家，突然發現自己完全不記得是如何開回家的。你的駕駛技能已經變得自動化了，所以即使不用意識也能自然的開回家。意識的你（也就是每天早晨醒來、開始閃爍活躍的那部分）再也不是駕駛，充其量變成這趟車程中的乘客。

關於自動化技能，有一點很有趣：如果你試著有意識的去干預，通常表現會變差。一旦你學習某項技能到達爐火純青的地步，即使那是很複雜的技能，最好還是放手讓它們自由發揮。

# 突觸與學習

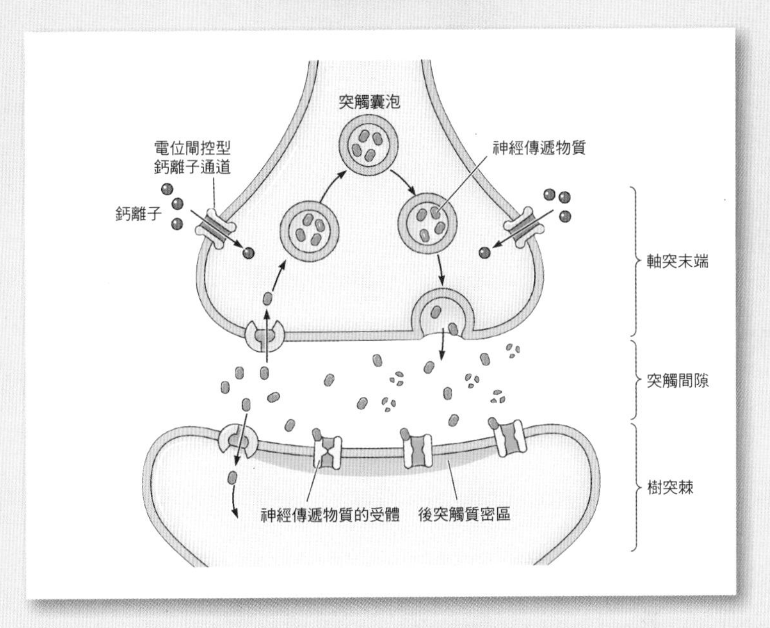


突觸是指神經元連結的地方，稱為神經傳遞物質的化學分子在這裡傳送訊號。但是並非各處突觸的連結強度都相同，而會根據突觸的活動史來增強或減弱。當突觸的強度改變，資訊流過網路的情況就會不同。如果某個連結變得很弱，它會萎縮或消失。如果連結變強，還會生出新的連結。這樣的重新組態，部分由回饋系統主導，當一切順利時，回饋系統會廣泛散布「多巴胺」這種神經傳遞物質。納柏經過千百小時的練習，每一次成功或失敗的嘗試，都會緩慢而細微的重塑他腦中的網路。

▲ 這時，腦就處於心流狀態。波特不用繩索攀岩，這時他嘗試不去思考。用意識去干預，反而會使他的表現不佳。

讓我們來看看攀岩家波特（Dean Potter）：他在2015年過世之前，一直熱愛不用繩索和安全措施攀爬懸崖。自12歲起，波特便全心投入攀岩。多年的練習，讓他把精確的攀岩技巧烙進腦的硬體線路之中。波特依賴這些訓練有素的線路完成工作，不受意識思慮的阻礙，成就非凡的攀岩本領。他把主導權完全交給潛意識。

他攀岩的時候，腦處於通常稱為「心流」的狀態，處於該狀態的極限運動員，一般很享受挑戰最大極限所帶來的樂趣。就像許多運動員，波特發現進入心流狀態的方法，是讓自身置於危及生命的險境。在那種狀態下，他感受不到內在聲音的干擾，完全依賴經長年全心訓練而刻入腦中硬體的攀岩技巧。

如同疊杯冠軍納柏，進入心流狀態時，運動員的腦波並不會受困於意識思慮的喋喋不休（例如「我看起來很厲害嗎？」「我應該這樣說或那樣說嗎？」「我出門後，把門鎖上了嗎？」）。在心流期間，腦進入額葉功能低下的狀態，意即前額葉皮質的某些部分暫時變得較不活躍。這些部位涉及抽象思考、計劃未來、專注於個人自我感。減少這些背景運作是關鍵步驟，讓人能懸空掛在崖壁外；只有在不受內心雜念干擾分神的情形下，波特擁有的這般高超技藝，才能夠施展出來。

意識還是擱在一旁最好，這種情形屢見不鮮，而且對於某些種類的任務，你也沒有選擇的餘地，因為潛意識的執行速度很快，意識根本慢到趕不上。就拿棒球比賽來說，快速球從投手丘傳到本壘的速度可以高達每小時160公里。擊球員的腦只有0.4秒的時間做出反應，設法擊到球。在那段時間內，他必須處理、協調一連串繁複的動作才能夠打到球。擊球員經常能擊中球，但他們並非用意識辦到的，棒球的行進速度那麼快，運動員無法在注意到發生了什麼事之前，用意識覺察到球的位置，然後把它打出去。意識不只被擱在一旁，還遭狠狠拋在後頭，它只能看著球，望塵莫及。

## 深不可測的潛意識

潛意識所及的領域，超出我們身體能控制的範圍。潛意識以更深刻的方式塑造我們的生活。下次你與人對話時可以注意發現，自己張嘴吐字的速度，比意識控制你說出每一字的速度還要快。你的腦在幕後運作，替你編織語言並說出來，包含了動詞變化與複雜思想（你可以做個對照，用你剛學的外語說話，然後拿這個速度來比較）。

同樣的幕後運作也適用於意念（idea）。我們把自己能產生意念全歸功於意識，似乎我們做了很多努力才形成意念。但事實上，早在意念成形，讓你覺察到並宣稱：「我剛才有一個想法！」之前的幾個小時或幾個月，你的潛意識就一直在努力塑造那些意念（包括鞏固記憶、試驗新組合、評估後果）。

最初開始揭開潛意識奧祕的人，是二十世紀最有影響力的科學家之一：佛洛依德（Sigmund Freud）。1873年，他在維也納念醫學院，專攻神經科。佛洛依德在開私人診所治療心理疾患的期間體認到，病人常常無法從意識層面知道驅使自己行為的因素。佛洛依德的見解是，他們的行為大多產生自看不見的心理歷程。這個簡單的概念改變了精神病學，開創了理解人類驅力和情緒的新方法。

在佛洛依德之前，大家不了解異常心理歷程的原因，或是把那些疾患解釋成惡魔附身、意志力薄弱等等。但是佛洛依德堅持從實質的腦裡去尋找原因。

佛洛依德會請病人躺在診間的躺椅上，這樣病人就不需要和他直接面對面，然後他會請病人開始說話。在腦部掃描還沒出現的時代，這是窺探腦中潛意識世界的最佳窗口。他的方法是蒐集行為模式、夢境、無意中說溜嘴，以及筆誤中所隱含的資訊。他像偵探一樣觀察並搜尋線索，希望找出連病人都不知道的潛意識神經機械。

他深信，意識是我們心理歷程的冰山一角，而我們的思想和行為，是由看不見的更大部分所驅動的。

佛洛依德的推測後來證實是正確的，而且導致出一項結論：我們通常不知道自己做選擇的根據。腦不停的從環境中提取資訊，然後用於引導我們的行為，但是我們通常不會察知到周遭的這些影響。我們可以拿「促發」（priming）效

▲ 佛洛依德認為，心智如同冰山，冰山下還有一大部分未被我們覺察。

應為例來說明，這種效應會使得一件事物影響我們對另一件事物的知覺。

例如，如果你拿著溫熱的飲料，你會把自己跟家人的關係描述得比較正面；當你拿著冰涼的飲料，你對這段關係的看法會變得稍微差一些。為什麼會這樣？由於腦評斷個人內在冷暖的機制，與評斷物理冷熱的機制有所重疊，因而使得一件事影響另一件事。結果是，你對某些重要事情（好比說你與母親的關係）的意見，可以因為你拿的是熱茶或冰茶而受到左右。

同樣的，當你身處惡臭環境，你會做出較嚴厲的道德評判，例如，你比較可能認為別人的不尋常舉動是不道德的。另一項研究顯示，如果你坐在硬邦邦的椅子上，那麼在商業交易的協商過程中，你會採取較強硬的立場；若是坐在軟綿綿的椅子上，你會更願意讓步。

再舉另一個例子說明潛意識的影響，那就是「內隱式的自我膨脹」（implicit egotism），也就是容易讓我們聯想到自己的事物，對我們特別有吸引力。

美國社會心理學家佩藍（Brett Pelham）和他的研究小組分析了牙醫學院和法學院畢業生的紀錄，從統計結果發現，名字叫做Dennis或Denise的牙醫（dentist），以及名字叫做Laura或Laurence的律師（lawyer）特別多。他們還發現，屋頂工程公司（roofing company）的老闆，名字開頭是R的比例較高，五金行（hardware store）的老闆名字開頭是H

# 輕推潛意識

塞勒（Richard Thaler）與桑思坦（Cass Sunstein）在他們所寫的《推出你的影響力》（*Nudge*）一書中，提倡一種利用腦的潛意識網路做出較好的決定，來增進我們的健康、財富與快樂。雖然我們覺察不到，但四周環境中的微小推力能夠改變我們的行為和決定，引發更好的後果。

超市中的水果若放在視線可及的高度，會讓人偏向選擇更健康的食物；在機場男廁的小便斗貼上蒼蠅圖案，會使男士尿得更準。自動預設員工參加退休計畫（但是他們可以按照意願自由退出），結果使儲蓄率提高。這種治理觀念稱為柔性家長制（soft paternalism），塞勒與桑思坦相信，溫和的引導潛意識腦，可以對我們的決策造成強大的影響，甚至超過強制執行的效果。

的比例較高。

但是，我們只在職業選擇上，做出這類決策嗎？事實上，我們的愛情同樣受到很大的影響。心理學家瓊斯（John Jones）與同事分析喬治亞州和佛羅里達州的結婚登記資料，發現夫妻的名字開頭有相同字母的比例高於預期。這表示，Jenny比較容易跟Joel結婚，Alex比較容易跟Amy結婚，Donny比較容易跟Daisy結婚。這類潛意識效應雖然沒什麼大不了的，但的確存在。

這裡的關鍵在於：如果你去問這些名為Dennis、Laura或Jenny的人，為何要選擇這項職業或這位伴侶，他們會給你意識層面的說明，並不會提及潛意識在他們的某些人生重大抉擇上，造成的長遠影響。

還有另一項實驗為例，那是1965年由心理學家海斯（Eckhard Hess）設計的。實驗要求男士觀賞幾張女子的照片，並做出評論，以1到10分來表示那些女子有多吸引人。她們看起來快樂或悲傷？刻薄或溫厚？友善或不友善？參與者不知道這些照片被動過手腳：在半數照片中，女子的瞳孔經過加工放大了。

這些男士認為瞳孔較大的女子比較有魅力。他們當中沒有人明確注意到，照片中女子的瞳孔大小有什麼特別之處，可能也沒有人知道，瞳孔擴大是女性變得興奮的生物學徵兆。但是他們的腦知道。而且這些男士不自覺受到瞳孔較大的女子照片吸引，覺得她們比較漂亮、快樂、溫厚

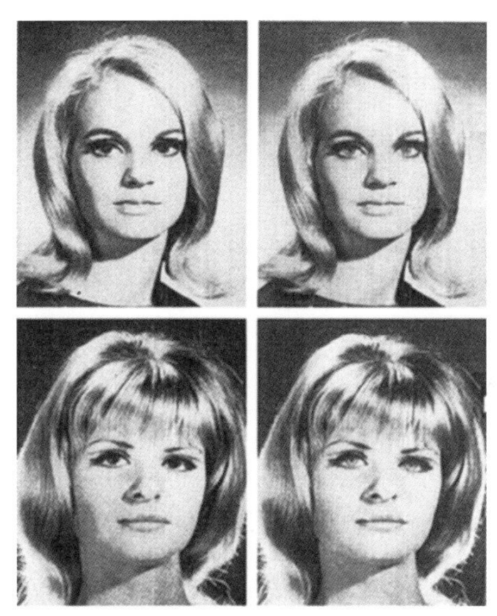

▲ 左邊照片經過人為修改，女子的瞳孔放大了。參與實驗的每一位男士只能看到其中一個版本的照片。

且友善。

真的，這往往就是愛情的開端。你覺得某人比其他人更有魅力，但你通常也無法明確指出為什麼。事出有因，只是你不知道罷了。

另一項實驗中，演化心理學家米勒（Geoffrey Miller）記錄脫衣舞夜總會裡性感舞孃的收入，來當作女性對男性有多大性吸引力的指標。他還追蹤這些收入在舞孃月經週期中如何變化。結果，當這些舞孃在排卵期（可受孕）時，男性付的小費是她們在行經期（不可受孕）的兩倍。奇怪的是，這些男性並非有意識的覺察到，舞孃身上伴隨月經週期而來的生物學變化；女性排卵時，動情素激增，使得她的外表發生微妙的變化，容貌變得更對稱、皮膚更柔軟、腰肢更纖細。即使那些生殖暗示逃過男性的覺察雷達，但是他們仍然可以偵測到。

這類研究揭露了腦的運作基礎。腦這個器官的任務是蒐集這個世界的資訊，適當導引你的行為。你的意識覺察是否摻了一腳，並不重要。而且大多數時候，意識覺察沒有摻和。大多數時候，你無法覺察到潛意識替你做了決定。

## 我們爲何有意識？

那麼，為何我們不是只用潛意識活著？為什麼我們不像無腦僵屍般到處遊蕩？為什麼演化會打造出有意識的腦？為了回答這些問題，想像你正自顧自沿街道走著。突然之間，有樣東西吸引了你的目光：前面有人穿著超大尺寸的蜜蜂裝，提了個公事包。如果你正在看這位蜜蜂人，你會注意到那些看了他一眼的人如何反應：大家停下正在自動進行的例行事項，然後直盯著那人看。

意外情況發生時，意識就會跳出來，因為這時我們需要想出下一步行動。雖然腦嘗試盡量維持在自動駕駛模式，但是這個世界有時候可能會投出曲球。

然而，意識不僅會對意外事件做出反應，在解決腦

▲ 我們漫步時，幾乎都沉浸在自己的內心世界，雖與陌生人擦身而過，卻不會記得他們的任何細節。但是當某件事超出潛意識的預期時，意識注意力就會上線，嘗試為發生的事情快速建立模型。

裡的衝突時，也扮演極重要的角色。數百億神經元參與各種任務，從呼吸、穿過臥室、把食物送進嘴裡到專精某項運動，這些任務各自有腦袋機械中的廣大網路做基礎。但是，萬一發生衝突時該怎麼辦？好比說，你發現自己正伸出手去拿冰淇淋聖代，但是你知道吃了會後悔。在那樣的情境下，你必須做決定。想出對「你」這個生物，以及你的長期目標最有利的決定。

意識是具有這項優勢的系統，這種優勢是腦的其他次系統所沒有的。基於這個理由，意識能夠為數百億正在交互作用的元件、次系統及燒入處理過程進行仲裁。意識可以從整體做規劃，並為系統設定目標。

我把意識想像成一位執行長，它管理一家不斷擴張的龐大公司，該企業擁有成千上萬個分支機構與部門，以各種方式合作、交流並競爭。小公司不需要執行長，但是當組織到達一定的規模和複雜程度，就需要一位超脫日常細項的執行長，來擘畫公司的長遠發展。

雖然執行長鮮少經手公司營運的日常細節，但總是把公司的長遠目標放在心上。執行長就是一家公司最超然的思維。換成腦來看，意識是數百億細胞把自己團結成一體的方式，意識是複雜系統拿起鏡子觀看自己的方法。

## 如果意識消失會怎樣？

如果意識不再發揮效用，讓我們沉迷於自動駕駛模式太久，會發生什麼事呢？

1987年5月23日，23歲的帕克斯（Ken Parks）在家裡看電視看到睡著後遭到逮捕。那時他和妻子及五個月大的女兒同住，正經歷財務困難、婚姻觸礁及賭博成癮等問題。他打算隔天跟岳父母討論自己的問題。他的岳母形容帕克斯是「溫和的大個子」，他和岳父母相處融洽。

那一夜的某個時刻，他從床上起來，開了23公里的車程到岳父母家，勒昏岳父，用刀刺死岳母。事後他開車到最近的警察局說：「我想我剛才殺了人。」

他不記得發生過什麼事。在這起凶殘暴行發生時，他的意識似乎不見了。帕克斯的腦出了什麼問題？他的律師愛德華（Marlys Edwardh）組織了專家團隊，協助釐清謎團。不久之後，他們開始懷疑這起案件或許與帕克斯的睡眠狀況有關。當帕克斯關在牢中時，律師請來睡眠專家伯頓（Roger Broughton），伯頓測量帕克斯夜間睡覺時的腦波圖訊號，記錄下來的結果與夢遊者一致。

專家團隊進一步調查，發現帕克斯家族都有睡眠障礙。由於缺乏殺人動機、睡眠檢查無法造假，以及帶有這種家族病史，帕克斯的謀殺罪名獲判不成立，當庭釋放。

▲ 帕克斯離開法庭，他在殺了岳父母之後無罪獲釋。律師愛德華說：「這項判決令人驚歎……這是從道德上證明帕克斯無罪。法官說他可以自由離開了。」

## 所以，是誰在掌控？

這一切或許會讓你懷疑，意識究竟有什麼掌控權？我們是否過著傀儡般的生活，像有某種系統在幕後擺布，拉著線操縱我們，決定我們的動作？有些人相信就情況看來，意識無法控制我們的行動。

讓我們從簡單的例子來深入探究這個問題。你開車來到交岔路口，你可以向左走或向右走，沒有義務一定要走哪一條路，但是此時此刻，你覺得想要開往右邊那條路。於是你向右轉。但是為什麼你向右轉，而不是向左轉？是因為你心中的感覺嗎？或是因為腦中不可知的某種機制替你做了決定？

讓我們思考一下：移動你的手臂去轉方向盤的訊號來自運動皮質，但是那些訊號並非源起該處。那些訊號受到額葉其他部位的驅使，額葉又是受到腦中更多其他部位的驅使，如此下去複雜相連，在腦中整個網路裡縱橫交錯。當你決定要做某件事，「零時差」是不存在的，因為腦中每個神經元都受到其他神經元驅動；這個系統似乎沒有哪個部分是獨立行動的，每個部位似乎都依賴其他部位做出反應。你決定向右轉或向左轉，這項決定可以追溯到過去，可能是幾秒鐘前、幾分鐘前、幾天前，甚至長達一輩子的時間。即使看似自發性的決定，也不會是孤零零冒出來的。

所以當你帶著一生的經歷來到交岔路口，是什麼在負責做決定？這些思考帶領我們到一個深刻的問題：到底有沒有自由意志？如果我們讓歷史倒帶一百遍，你每次都會做相同的事情嗎？

## 我們都覺得自己有自由意志

我們覺得自己有自主性，也就是說，我們可以自由選擇。但是某些情況可能顯示出，這種自主的感覺是錯覺。在一項實驗中，哈佛醫學院的巴斯卡里歐尼（Alvaro Pascual-Leone）教授邀請參與者到實驗室進行一項簡單的實驗。

參與者坐在電腦螢幕前，雙手分開放在桌上。當螢幕變成紅色，他們會先在心中選擇要動哪一隻手掌，但是不需要真的做出動作。接著螢幕亮成黃色，到後來變成綠色時，參與者要做出事前選擇的動作：舉起右手掌或左手掌。

然後實驗加上變化。研究人員利用跨顱磁刺激（TMS）刺激運動皮質，促使實驗對象的左手或右手做出動作；TMS會放出磁脈衝，刺激頭皮下方的腦區。這一次，在黃光出現的時候，研究人員施以TMS脈衝（對照組則只聽到脈衝作用時的聲音，但沒有受到脈衝）。

在TMS的干預下，實驗對象會偏好舉起某隻手掌，而不愛舉另一隻手，例如刺激左運動皮質，會讓參與者比較喜歡舉起右手掌。有趣的部分在於，實驗對象回報他們想要動哪隻手掌的感覺，其實是受到TMS操縱。換句話說，在紅光階段，他們的內心可能選擇要動左手掌，但是在黃光階段受到刺激，於是他們會覺得自己其實從一開始就想要舉起右手掌。雖然是TMS啟動參與者的手部動作，但許多人還是覺得他們是根據自由意志做出決定的。巴斯卡里歐尼描述，參與者通常會說是他們故意改變決定的。不論是腦中何種活動作主，參與者都認為這是他們自由做的選擇。意識擅長告訴自己，一切都在控制之中。

我們相信自己的直覺是出於自由選擇，但這類實驗揭露了這件事的本質有問題。此刻，神經科學還沒有完美的實驗可以完全排除自由意志；這是個複雜的主題，我們的

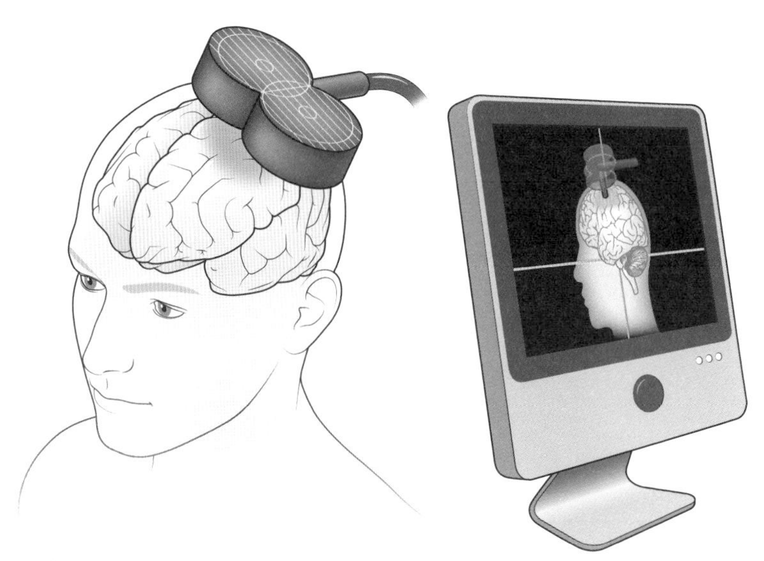

▲ 實驗人員刺激參與者的腦，操縱他們的選擇，即使如此，參與者通常會宣稱，他們是根據自由意志做出決定的。

科學或許還太年輕，無法透澈處理。但是讓我們暫且想像一下，若是真的沒有自由意志會怎樣？也就是說，當你到達分岔路口，你的選擇早已預先決定好了。乍看之下，可預料的人生過起來似乎沒什麼意思。

好消息是，我們的腦複雜無比，這代表實際上沒有事情是可以預測的。想像有一個大箱子，底部排了一列列的乒乓球，每顆球各自安置在一個捕鼠夾上，由彈簧夾卡緊，準備就緒。如果你從上面再丟下一顆乒乓球，那麼從數學上可以直接預測球會落到何處。但是等到球一碰到底層，會引發無法預測的連鎖反應。這顆球會導致其他球從捕鼠夾猛然彈起，那些球再觸發其他球，整個局面很快會亂成一團。最初預測的小誤差，無論有多麼小，當球碰到箱壁反彈回來或是撞到其他球時，小誤差就會擴大。很快的，我們就根本不可能預測出球在哪裡。

我們的腦如同這個裝著乒乓球的箱子，但是複雜程度遠遠大上許多。你或許能在箱子裡裝進好幾百顆乒乓球，但是發生在你頭殼裡的交互作用，數量是箱子裡球的幾兆倍之多；在你一生中的每秒鐘，頭顱裡一直發生這類的彈跳。你的思想、感覺與決策，從這無數次的能量交換中浮現出來。

這只是不可預測性的開端。每一顆腦袋都鉗入了世界上的其他腦袋裡，跨過餐桌的距離、演講廳的長度，或是藉由網路的聯繫，地球上所有人類的神經元彼此互相影

▲ 捕鼠夾上的乒乓球雖然會遵循物理法則，但實際上我們卻無法預測這些球最後會在哪裡。同樣的，你的數百億腦細胞以及它們的成兆訊號，每秒鐘都在進行交互作用，雖然那也是一種物理系統，但你永遠無法準確預測接下來會發生什麼情形。

響，形成複雜到不可思議的系統。這代表，即使神經元遵循直截了當的物理法則，實際上我們永遠無法準確預測任何人下一步的行為。

這種龐大的複雜性，反而讓我們具備恰好足夠的洞察力，來理解一項簡單的事實：帶領我們人生的力量，遠遠超過我們自身所能覺察或掌控的。

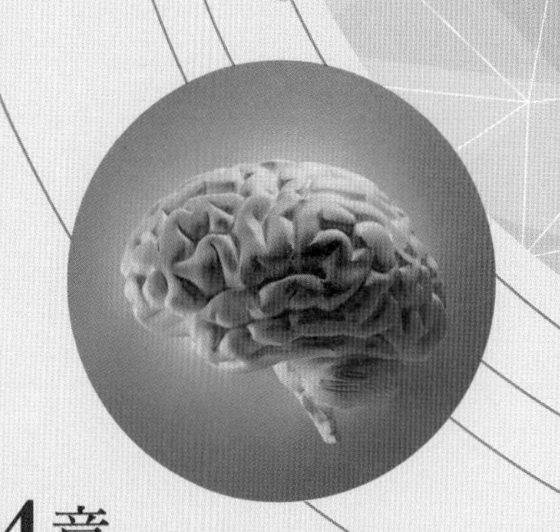

# 第4章 我們如何決策？

我該不該吃冰淇淋？今天要穿哪雙鞋子？
我要現在回覆這封郵件，或是待會兒再回？
我們每天的生活充斥成千上萬個小決策：
該做什麼、走哪條路、如何回應、是否要分享。
早期的決策理論假設，人是理性的行動者，
會把各種選項的利弊一一列出，然後做出最佳決定。
但是，針對人類決策進行的科學觀察，並沒有證實這一點。
我們的腦由多種互相競爭的網路構成，每一種網路各有其目標和願望。
在你決定是否要大口吃下冰淇淋時，腦中有一些網路想吃糖，
其他網路則為了虛榮的長期考量投下反對票；
還有一些網路認為，如果你保證明天會去健身房，或許就可以吃冰淇淋。
你的腦如同神經國度的議會，由對立的政黨組成，各政黨爭破頭，
想主導國家這艘船的方向。
你有時會做出自私的決定，有時會做出慷慨的決定，
有時會在衝動下做決定，有時在心懷長遠目標下做決定。
我們是複雜的生物，因為我們由許多驅力造就而成，
而各種驅力都想要掌控大局。

## 聽見下決定的聲音

手術檯上，名叫吉姆的病人正在接受腦部手術，想讓手停止顫抖。神經外科醫師把細長金屬線構成的電極放入吉姆的腦中，透過金屬線施以微小電流，調整吉姆神經元的活動模式，減輕他的顫抖症狀。

這種電極提供特殊的機會，使我們能竊聽單一神經元的活動。神經元透過稱為動作電位的尖波彼此溝通，但是這些訊號微小到幾不可察，因此外科醫師與研究人員通常會把這些微弱的電訊號透過喇叭播放出來。那樣一來，電壓的些微變化（持續1毫秒的0.1伏特電壓）會變成「啪」的聲響。

當電極放到了腦中不同區域，各區域的活動模式可以由訓練有素的耳朵分辨出來。有些部位發出的聲音特徵是：「啪！啪！啪！」而有些部位發出截然不同的聲音：「啪！……啪！啪！……啪！」這就好像偶然遇見幾位來自

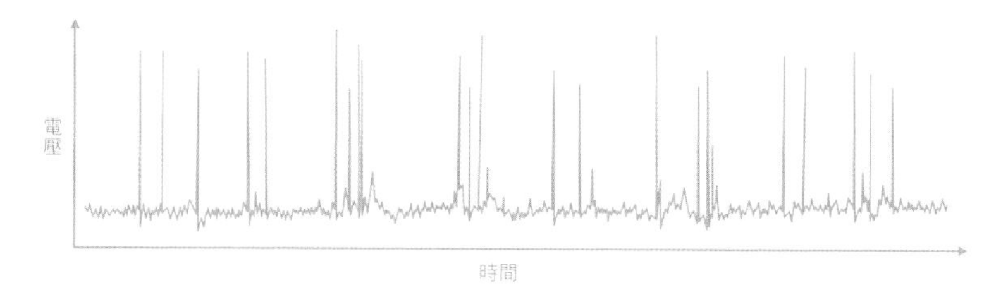


▲ 監視器顯示出的尖波就是動作電位。吉姆產生的每個意念、回想起的每段記憶、思量過的每項選擇，都以這種微小又神祕的圖形文字寫下來。

世界各地的人，你突然加入他們的對話中；由於你碰到的人都各有不同職業，而且文化互異，所以他們進行的對話非常不同。

我以研究人員的身分出現在那間手術室，同事操刀，而我的目標則是想更了解腦如何做決策。為了這一點，我請吉姆執行各種任務，像是說話、閱讀、看東西、做決定，好確定與神經元活動相關的因素。由於腦沒有痛覺受體，病人可以在手術中保持清醒。在我們記錄的同時，我請吉姆看一幅簡單的圖畫。

在這幅圖中，你可能會看到一位頭戴軟帽的年輕女子正別過頭去。現在試試用另一種方式來詮釋同一幅畫：一位老婦人低頭看向畫面左方。這幅圖可以用兩種方式（稱為雙穩態知覺）的其中一種來欣賞，頁面上的圖畫線條符合兩種詮釋。當你凝視圖畫，會看到一種版本的圖形，然後變成另一種版本，再看到第一種版本……如此循環下去。重

▲你看到老婦人時，腦裡面發生了什麼情形？當你看到妙齡女子時，腦中又出現什麼變化？

點在於：在這張實體頁面上，所有東西都未曾改變；所以每當吉姆報告說影像改變了，必定是他腦子裡有東西改變了。

他看到年輕女子或老婦人的那一刻，腦已經做了決定。決定不一定要動用到意識，在這裡的情形，是吉姆的視覺系統做了知覺決定，而轉換的機制完全隱藏在深處。理論上，腦應該能夠同時看到年輕女子和老婦人，但是實際上辦不到。腦反射式的繞過這種模稜兩可的情況，然後做出選擇；接著腦又會重新選擇，它可能來來回回反覆變心。我們的腦總是硬把模稜兩可的情形化為選擇題。

所以當吉姆的腦選擇年輕女子（或老婦人）這個詮釋，我們可以聽見一小撮神經元的反應。有一些神經元活動速度加快（啪啪！⋯啪！⋯啪！），另外一些神經元則變慢（啪！⋯⋯啪！⋯⋯啪！⋯⋯啪！）。神經元並非總是只會加速或減慢，有時候神經元以更細微的方式改變活動模式，在維持自己原來步調的同時，變得與其他神經元同步或不同步。

恰巧我們監視的這些神經元，並非獨自負責知覺改變，而是與其他數十億神經元一起協同運作，所以我們目擊到的變化只反映出，有一種改變中的模式正在對腦中的一大片版圖發揮影響力。當吉姆腦中的某種模式勝過其他模式，決策就塵埃落定了。

在你生命中的每一天，腦做了成千上萬次決策，影響你對這個世界的經驗。從決定穿什麼衣服、打電話給誰、如何解讀隨意的言論、是否回覆電子郵件，到何時離開。決策是我們每項行動與思考的基礎。「你是誰」源自你腦中爭奪霸權的全面戰爭，你生命中的每一刻，頭顱內都在進行這些激烈戰役。

聽到吉姆神經元活動發出的「啪！啪！啪！」你一定會感到敬畏。畢竟，我們這個物種從古至今做出的每一項決策，發出來的聲音就是如此。每一次求婚、每一次宣戰、每一次想像力的躍進、每一次探索未知的發射任務、每個善舉、每個謊言、每一項令人振奮的突破、每一個決定性時刻，全發生在這裡，在頭顱裡的一片黑暗之中，自細胞網路的活動模式中浮現。

## 從衝突中打造出來的機器

讓我們靠近一點來瞧瞧決策過程中發生在幕後的事情。想像你正在做簡單的抉擇，你站在優格冰淇淋店裡，試著從兩種你同樣喜歡的口味中做決定，就說是薄荷和檸檬口味好了。從外表看，你好像也沒做什麼事，只是杵在那裡，眼睛來回看著那兩個選項。但在你的腦中，像這樣的簡單抉擇引發的活動，可以掀起一場風暴。

單一個神經元無法獨自產生深刻的影響。但是每一個神經元都與成千上萬個神經元相連，那些神經元又各自與其他成千上萬個神經元相連，如此下去，形成一個錯綜複雜、環

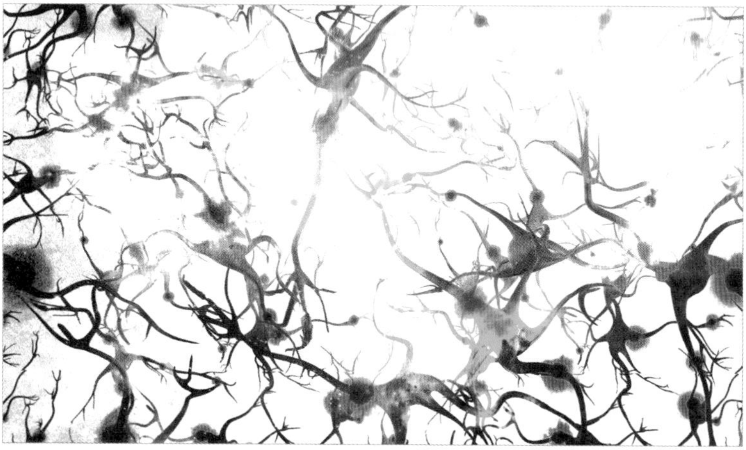

▲ 一群神經元與另一群神經元之間會彼此競爭，如同政黨相爭主導權。

環相扣的廣大網路。每一個神經元都會釋放化學物質，激發或抑制其他神經元。

在這個網路中，有特定一群神經元代表薄荷。神經元互相激發形成模式，它們不需要彼此相鄰，也可能跨到遙遠腦區，這些區域與嗅覺、味覺、視覺，以及你跟薄荷的過去記憶相關。單就其中每一組神經元而言，與薄荷沒有多大關係；事實上，在不同的時間，在不停變動的結盟關係中，每一個神經元扮演許多角色。但是，當這些神經元在這種特定的配置下集體活化，對你的腦來說就是薄荷。你站在優格前面做選擇的時候，該神經元聯盟彼此熱切交流，如同分散各處的人透過網路串連一般。

在這場腦裡的競選活動期間，這些神經元並非獨自行動。同時，另一個競爭選項——檸檬，則代表自己的神經元政黨。薄荷和檸檬兩個陣線，各自藉由強化本身的活性，抑制對方的活性，想要取得優勢。雙方你爭我奪，直到在這場贏家全拿的競爭中有一方勝出，再由勝利的網路決定你的下一步。

與電腦不同，腦靠著各選項之間的衝突競爭來運作，每一個選項都想贏過其他選項，而且總是有多個選項在競爭。即使你選定了薄荷或檸檬，會發現自己又置身新的衝突中：你應該全部吃完嗎？一部分的你渴望美味的能量來源，同時另一部分的你很清楚那充滿糖分，或許你不應該吃而該去慢跑。倘若你最後迅速解決掉一整份優格冰淇淋，那也純粹只是腦解決了內訌的結果。

腦中的衝突不斷，導致我們可能跟自己爭吵、詛咒自己、哄騙自己。然而，究竟是誰在跟誰交談？全都是你，卻是不同部分的你。

有一些簡單的任務，能讓內在衝突凸顯出來。底下印有一些字，請說出每個字是用什麼顏色的油墨印出來的：

紫　黃　紅<br>
[illegible]　紅　綠<br>
紅　黃　[illegible]<br>
藍　　　黑<br>
紅　綠　橙

# 分裂的大腦：揭露腦中的衝突

在一些特殊情況下，我們尤其容易目睹發生於腦中不同部位之間的內在衝突。為了治療特定種類的癲癇，有一些病人接受「裂腦」手術，讓大腦左右半球不再相連。正常情形下，大腦左右半球由稱為胼胝體的神經高速公路連接起來，讓左右半球可以互相配合、協力工作。所以你全身發冷的時候，雙手會通力合作，一隻手抓住夾克褶邊，一隻手拉上拉鍊。

然而，當病人的胼胝體被切斷，可能會出現令人難忘的奇特臨床狀況：他人之手症候群。病人兩隻手的意圖完全不同，例如一隻手開始把夾克的拉鍊拉上，而另一隻手（他人之手）突然搶過來把拉鍊拉下。或者病人可能伸出一隻手去拿比司吉，但另一隻手卻迅速去拍打第一隻手，不讓它拿。這告訴我們在正常情況下，腦內衝突是由於兩個半球各自為政。

手術後沒幾週，隨著大腦兩個半球利用剩下的連接重新開始協調，他人之手症候群通常會消失。然而這清楚展現出，即使我們認為自己心思單純，但我們的行為卻是無數戰爭的結果，這些戰爭在黑暗頭顱中打打停停，沒完沒了。

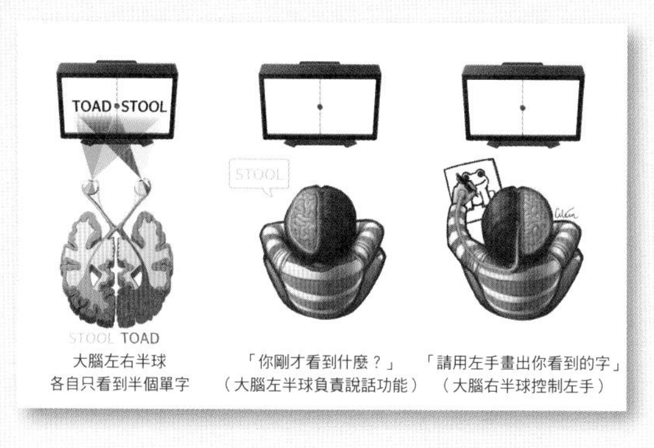


◀ 左半部視野的資訊會傳送到大腦右半球，反之亦然。因此當一個英文單字跨過中線閃現時，裂腦病人的兩個獨立大腦半球，分別只能看到半個單字。

很困難，對吧？這麼單純的任務為什麼會有困難，尤其操作指示又這麼簡單？這是因為你腦中有一個網路負責認出油墨的顏色，並說出這個顏色的名稱。同時，腦中另有其他對立的網路負責閱讀文字，而且這些網路非常熟練，使閱讀文字這件事，早已成為根深柢固的自動化程序。你能夠感覺到這些系統彼此競爭時產生的齟齬，如果想說出正確的答案，必須強力壓抑想閱讀文字的衝動，並遵循指示專注唸出油墨的顏色。這樣，你就能直接體驗到腦裡的衝突了。

為了區分腦中某些主要競爭系統，我們來思考一項稱為電車困境的臆想實驗。一列電車在軌道上失控暴衝。有四名工人正在前方軌道進行維修，而在一旁觀看的你很快就發覺，那些人將會被失控電車撞到。這時你注意到附近有一根

▲ 電車困境的示意圖。人們被問到，在這種情境下會怎麼做時，幾乎所有人都會扳動控制桿。畢竟，一人死亡比四人死亡要好得多，不是嗎？

控制桿，可以讓電車轉換到另一軌道。但是且慢！你看到另外有一名工人在那一條軌道上。所以，如果你扳動控制桿，會有一個工人被撞死；如果你不扳動桿子，有四個工人會被撞死。那麼，你會扳動控制桿嗎？

現在思考有些不同的第二種情境。情況一開始是一樣的：一列電車在軌道上失控暴衝，有四名工人將要被撞死。但是這一次，你站在水塔的平臺上俯視軌道，注意到身旁有一位彪形大漢，他正在眺望遠方。你想到，如果你把大漢推下去，他正好會掉在軌道上，由於他的塊頭夠大，可以讓電車停下來，於是四名工人就可以逃過一劫了。這一次，你會把這位大漢推下去嗎？

▲ 此為電車困境第二種情境的示意圖。在這種情況下，幾乎沒有人願意把大漢推下去。當被問到：「為什麼不這樣做呢？」他們會回答：「那樣是謀殺。」或是：「那樣做就是不對。」之類的答案。

但是，等一下。在這兩種情境下，你要考慮的不是同樣的問題嗎？用一條人命換四條人命？為什麼在第二種情境中，結果會如此不同？倫理學家從許多角度分析了這個問題，但是神經造影技術已經能夠提供相當直截了當的答案。對腦來說，第一種情境只是數學問題，此困境活化的是參與解決邏輯問題的區域。

第二種情境中，你必須實際碰到那個人，然後把他推下去，置他於死地。這會徵召額外的網路，也就是與情緒相關的腦區來參與決策。

在第二種情境中，兩個意見不同的系統出現衝突，我們

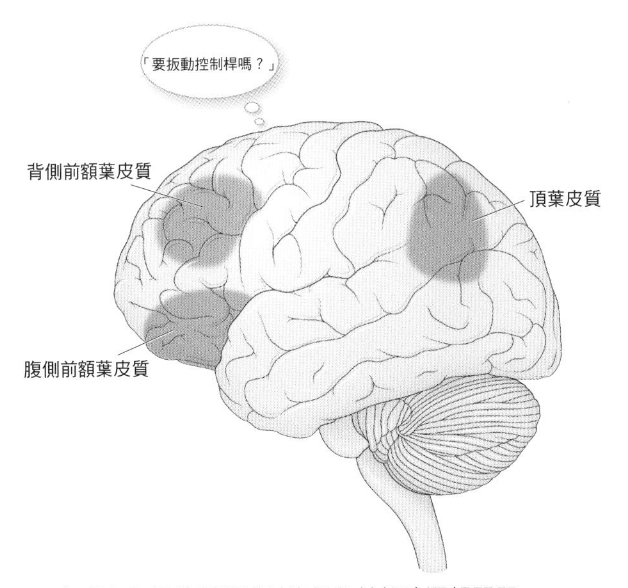


▲ 大腦中有好幾個區域較常投入於解決邏輯問題。

捲入了其中。我們的理性網路說，損失一條人命比損失四條人命好，但是我們的情緒網路卻引發罪惡感，覺得謀殺一旁的人是不對的。你陷在互相競爭的驅力之間，結果可能完全翻盤，讓你做出與第一種情境不同的決定。

電車困境使我們更加理解現實世界的情況。想想現今的戰爭，比較像扳動控制桿的情形，而非把人推下水塔。當有人按了按鈕，發射長程飛彈，只牽涉到腦中參與解決邏輯問題的網路。操作無人飛機可能像在玩電動遊戲，網路攻擊引發的後果遠在天邊。這些時候，是腦中的理性網路在發揮作用，未必有情緒網路的參與。遠距離戰爭的疏離特質，會減少我們腦的內在衝突，因而更容易發動。

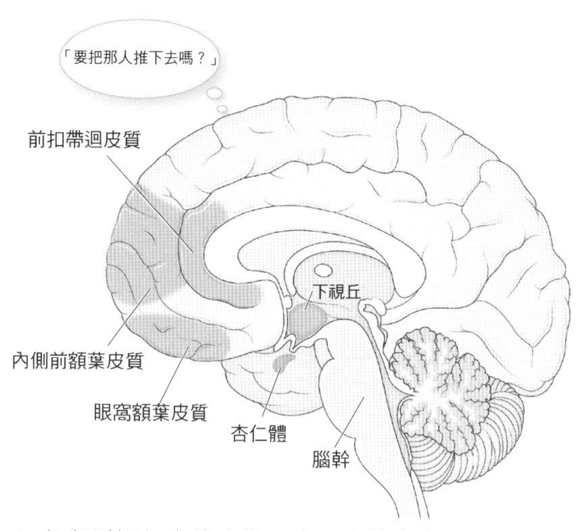


▲ 考慮到把無辜的人推下去、害他喪命時，情緒相關網路在決策時的參與程度較大，於是可能翻轉結果。

有一位學者曾建議，發射核彈的按鈕應該植入美國總統的好朋友胸口。這樣一來，如果總統決定發射核武，那麼他必須攻擊好友，把對方開膛破肚才行。這樣的考量將會徵召情緒網路參與決策。當要做出攸關生死的決策時，沒有受到約束的判斷可能很危險；我們的情緒是有影響力且通常具有見識的選民，要是我們把這些選民排除在議員選舉投票之外，將是一大疏失。如果我們都像機器人那麼理性，這個世界不會變得比較好。

雖然神經科學是一門年輕的科學，但是這種直覺有悠久的歷史。古希臘人建議，我們應該把人生想成雙輪戰車。我們就是車伕，正試著拉好兩匹馬：代表理性的白馬，以及代表感情的黑馬；兩匹馬會把戰車往方向相反的兩邊拉。你的職責是駕馭好兩匹馬，讓戰車駛於大道之中。

的確，以神經科學的典型方式，藉由觀察一些無法下定決策的人，我們可以揭露情緒的重要性。

## 生理狀態與情緒訊號有助於決策

情緒不僅使我們的人生更精采，還是在每一刻指引我們如何通往下一步的祕訣。麥爾思（Tammy Myers）以前是工程師，後來發生機車車禍。車禍造成她腦中的眼窩額葉皮質受損，這個區域位在眼窩上方。該腦區會整合從身體湧入的訊號，那些訊號會向腦中其他區域報告身體處於何種狀態，像是飢餓、緊張、尷尬、口渴或喜悅。

麥爾思看起來不像是遭受創傷性腦損傷的人。但是如果你願意花個五分鐘跟她相處，就會看出她決定日常生活事項的能力有問題。她可以說出面前選項的所有優點和缺點，即使如此，最單純的情況都會讓她陷入猶豫不決的窘境。因為她再也無法讀懂自己身體的情緒總結，決策對她來說難如登天。她現在覺得，每一項抉擇之間都沒什麼具體上的不同。她下不了決定，成不了什麼事；麥爾思說，她常常整天坐在沙發上。

麥爾思的腦部損傷讓我們知道，有些東西對於決策非常重要。我們很容易想像腦高高在上指揮身體的畫面，但是實際上，腦會隨時給身體回饋。來自身體的訊號，能夠快速歸納出現在發生的事情，以及處理對策。身體和腦必須密切聯繫，才能做出抉擇。

想想以下的情形：你想把投遞錯誤的包裹送還給隔壁鄰居。但是當你走近他們院子的柵欄門，他們家的狗對著你咆哮，呲牙裂嘴。你會打開鄰居家的院子柵欄門，走到房子前門去按門鈴嗎？這裡的決定因素，不會是狗攻擊人案例的統計數字，而是那隻狗擺出威脅姿勢引發你身體的一連串生理反應：心跳速率加快、內臟緊縮、肌肉繃緊、瞳孔擴張、血液中荷爾蒙產生變化、汗腺張開等等。這些是自發的潛意識反應。

此刻你站在那裡，手已經碰到柵欄門的門栓，雖然還有許多外在細節可供你評估（例如，那隻狗戴什麼顏色的項圈），但你腦中真正需要立刻知道的是：你該面對那隻狗，或是用其他方式把包裹送過去。在這項任務中，身體狀態幫得上忙，它可以當成目前情勢的概要。我們可以把這時的生理信號當成約略的提要，像是「這不太妙」或「這不成問題」之類的，協助你的腦決定下一步。

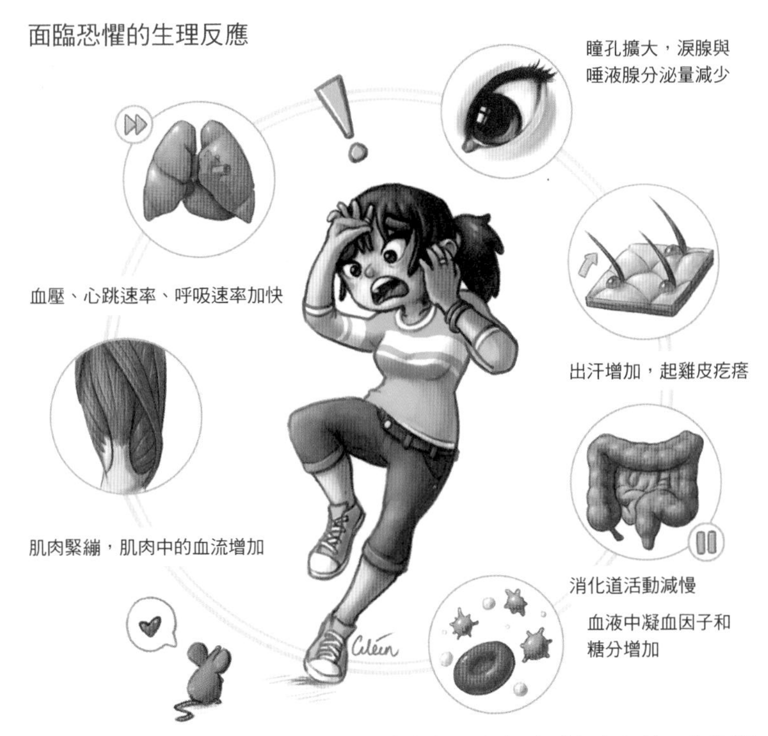


▲ 大部分情形下，單純透過邏輯做成決定，會牽涉到太多細節。為了指引這個過程，我們需要簡單的摘要，例如「我在這裡很安全」或「我在這裡有危險」。身體的生理狀態一直和腦袋維持雙向對話。

我們每一天都如此解讀身體狀態。大部分情形下，生理訊號非常細微，所以我們往往沒有覺察到。然而，在我們必須下決定時，這些訊號的引導非常關鍵。想想在超市的情況，麥爾思在這類場所會猶豫不決而僵立無措。選擇哪些蘋果？哪個麵包？哪種冰淇淋？成千上萬種選擇向顧客排山倒海而來，到頭來，我們花了人生中的許多小時在貨架之間的通道，嘗試讓我們的神經網路做出承諾，支持某項決定，放棄另一項決定。然而我們一般不會發覺，是身體協助我們走出這團難以想像的混亂局面。

現在，來選擇要買哪一種罐頭湯。這裡有太多資料需要你去弄清楚：熱量、價格、鹽分含量、口味、包裝等等。如果你是機器人，嘗試做出決定就會讓你困在這裡一整天，因為你沒有清楚明白的方式來評估哪些細節更重要。

想做出抉擇，我們需要某種形式的訊息摘要，而這就是身體的回饋所能給予的。一想到預算，可能會讓你的手心出汗；或者你可能因為想到上次喝雞湯的經驗而流口水；或者你注意到另一種湯充滿鮮奶油，可能會讓腸子不舒服。你模擬喝某種湯會帶來何種經驗，接著再模擬喝另一種湯的感覺。身體的經驗協助腦快速給甲罐頭湯某種評價，給乙罐頭湯另一種評價，這樣可以讓你從某方面決定高下。你不只從罐頭提取資料，你還感覺到了資料。這些情緒信號比起面臨惡犬的信號更微妙，但概念是一樣的：每一種選項可以用身體信號標出特點，那會幫助你做決定。

稍早，你在薄荷與檸檬口味的優格冰淇淋之間做決定時，腦中的網路也掀起一場戰爭。你身體的生理狀態是關鍵因素，左右了戰局，使其中一個網路贏過另一個。但由於麥爾思的腦部有損傷，不能把身體訊號納入做決策的過程中，所以她沒辦法快速比較各種選項的整體評價，雖然她能清楚說出數十種細節，但沒辦法排出優先順序。那就是為什麼麥爾思多數時候都坐在沙發上：她面前的這些選擇不帶有任何特別的情緒評價，無法讓某個網路的活動壓過另一個。她的神經議會爭論不休，最後陷入僵局。

因為意識的頻寬很窄，通常你無法完全存取左右決策的身體訊號，身體的大部分動作都在覺察不到的深處進行。儘管如此，這些身體訊號對於你認為自己是哪一類型的人有很大的影響。

舉例來說，神經科學家蒙泰格（Read Montague）發現，一個人的政治傾向與其情緒反應的特性有關聯。他把參與者送去做腦部掃描，測量他們對一系列噁心影像的反應，影像的內容包含排泄物、屍體，到爬滿昆蟲的食物。這些人從掃描儀器出來後，研究人員會詢問他們是否願意參與另一項實驗；如果他們願意，就再花十分鐘接受政治意識型態調查。他們會被問到對於槍枝管制、墮胎、婚前性行為的感覺。蒙泰格發現，覺得影像很噁心的參與者，政治傾向可能愈趨於保守。覺得影像沒那麼噁心的人，比較偏向開放。兩者之間有強烈相關，我們從一個人對於單一幅噁心影像的神經反應，就可以預測到那人在政治意識型態測驗的分數，準確度高達95%。政治信念從心靈與身體交會的地方浮現。

## 旅行到未來

每個決定都牽涉到過去的經驗（儲存在我們身體狀態中），也牽涉到現在的狀況（我有足夠的錢買甲物而非乙物嗎？現在還買得到丙物嗎？）。但是關於決策，還有沒說到的部分是：預測未來。

環顧動物界，所有生物腦中的線路都已配置好要尋求酬賞。酬賞是什麼？從本質來說，酬賞是會讓生物的身體狀況更接近理想狀態的東西。你的身體脫水時，水就是酬賞；當你的能量儲存下降，食物是酬賞。水和食物稱為初級酬賞，這種酬賞可以直接解決生物需求。然而更普遍的情形是，人類行為受到次級酬賞導引，次級酬賞是讓你可以預測到初級酬賞的東西。例如，看到一個方形金屬板，這片板子本身對你的腦來說沒有多大意義，但是因為你認得那是飲水機的標示，那麼當你口渴時，看到那片板子就變成一種酬賞。

以人類的情形來說，我們甚至能把非常抽象的概念當作酬賞，譬如覺得自己受到當地社區的敬重。而且人類有別於其他動物，我們常常會把這類酬賞擺在生物需求之前。就如蒙泰格指出的：「鯊魚不會進行絕食抗議。」動物界的其餘生物只求滿足自身的基本需求，然而只有人類經常為了推崇抽象概念而無視生物需求。所以當面對眾多選擇，我們會整合內在資料與外在資料，嘗試讓酬賞最大化。然而我們對酬賞的定義因人而異。

不論是基本酬賞或是抽象酬賞，我們面臨的挑戰是，各選項通常不會馬上帶來成果。我們幾乎總是必須先做決定，然後才能在一連串的選擇後獲得報償。大家花很多年的時間求學，因為我們認為未來獲得學位這件事很重要；眾生為自己不喜歡的工作做牛做馬，只求未來獲得升遷；許多人督促自己賣力運動，想讓身體更強健。

把不同選項拿來比較，就是把每一個選項以通用貨幣標上價格，這裡是用預期酬賞來標價，然後選擇價值最高的。考慮以下情境：我有一點空檔，想決定要做什麼事。我需要去食品雜貨店採購，但也知道我需要到咖啡館寫計畫書，替實驗室申請補助經費，因為截止日期快到了。我還想帶兒子到公園共度一段時光。面對這張選單，我要如何裁決？

當然啦，這很容易，如果我可以先經歷每一種選項，然後把時間倒回來，最後根據最佳結果來選擇我的人生路徑。但是，唉呀，我不能進行時光旅行！

還是說，我可以？

時光旅行是人腦經常進行的事。面臨抉擇時，我們的腦會模擬不同結果，產生未來可能情景的模型。在腦海裡，我們能夠跟此時此刻中斷連線，旅行到還沒出現的世界。

▲ 人類每天都在進行時光旅行，如同電影《回到未來》的情節一般。

這時候，模擬腦海中的情境只是第一步。為了從這些想像的情境做決定，我嘗試評估每一種可能將會有什麼酬賞。當我模擬把食物與日用品裝滿食物櫃的情形，東西排放得整齊清楚，讓我覺得輕鬆愉快。獲得補助則帶來不同的酬賞，不只是實驗室有經費可以運作，通常還會獲得系主任的稱讚與事業上的成就感。想像與兒子到公園讓我心情喜悅，而且得到的回報是使家人之間更親密。以自身酬賞系統的通用貨幣做為價值指標，然後互相比較每一種未來的結果，指引我做出最終決定。這項抉擇不容易，因為評估出來的價值都大同小異：模擬到食品雜貨店採購時，沉悶無聊的感覺隨之而來；模擬撰寫補助申請書時，挫折感油然而生；模擬去公園時，我產生了罪惡感，因為我沒有把正事做好。我通常不會意識到，我的腦會模擬所有選項，一次模擬一種，看看它是否禁得起考驗。而這就是我做出抉擇的方式。

我要如何正確模擬出這些未來？我怎麼可能預測出沿這條路徑下去的真實情形？答案是：不可能，我無法知道我的預測是否正確。我的預測全都是根據過去的經驗，以及我的現在世界運作模型。如同所有動物，我們也不可能到處遊蕩，希望隨便就發現日後會帶來酬賞的東西，或是發現什麼東西不會帶來酬賞。腦不是用來做那些事的，腦的要務是預測。為了做出相當合理的推測，我需要藉由一切經驗持續學習，了解這個世界。因此在這個例子中，我用過去的經驗為這些選項一一標上價值。利用腦裡的好萊塢製片場，我們可以穿越時間，旅行到想像的未來，看看那些選項有多少價值。

那就是我抉擇的方式，把各種可能的未來逐一做比較，也就是把互相競爭的選項換算成通用貨幣，而這種通用貨幣的價值即以未來酬賞來換算。

給每一個選項賦予預期酬賞價值，可以想成是在內心儲存某項事物的評價。因為到雜貨店採購可以讓我補齊存糧，就說這值10個酬賞單位吧。撰寫補助申請書不是件容易的事，但對我的事業很必要，因此有25個酬賞單位的價值。我喜歡跟兒子在一起，所以到公園價值50個酬賞單位。

然而世事複雜，我們內心的評估從來就不像白紙黑字般不容更改，這裡出現有趣的轉折。你對周遭事物的評價是會改變的，因為很多時候，我們的預測與實際發生的事情不符。有效學習的關鍵在於追蹤「預測誤差」，那是指某選項的預測結果與實際發生結果之間的差異。

以今天的例子來說，我的腦已經預測了公園選項的酬賞會有多高。如果我們在那裡遇到朋友，使得結果比我預想的情形還好，這就會讓我提高下次做類似決定時的評價。相反的，如果公園裡的鞦韆壞了，又遇到下雨，那會降低下一回的評價。

這是如何運作的？腦裡有個古老的小型系統，任務是隨時評量分析這個世界的狀況。這個系統由中腦裡少數幾群細胞組成，它們用稱為多巴胺的神經傳遞物質來交談。

當你的預期和現實不符，中腦的多巴胺系統會發送出能夠重新評估價值的訊息。這種訊號通知系統的其餘部位，如果局面比預期好，系統就會增進多巴胺的分泌；但如果局面比預期差，就會減少多巴胺的分泌。這種預測誤差的訊號，會使腦的其他部位調整自己的期望，試圖在下次更接近現實。多巴胺的作用是修正誤差，它就像化學評估分子，總是努力讓你的評估盡量維持在最新狀態。這樣一來，你可以根據對未來的最佳猜測，排出各種決定的優先順序。

基本上，腦是為了偵測意外結果而加以調整，這種敏感度是動物能夠適應和學習的核心。那麼，腦與經驗學習有關的結構具有跨越物種的一致性，從蜜蜂到人類都很相似，就

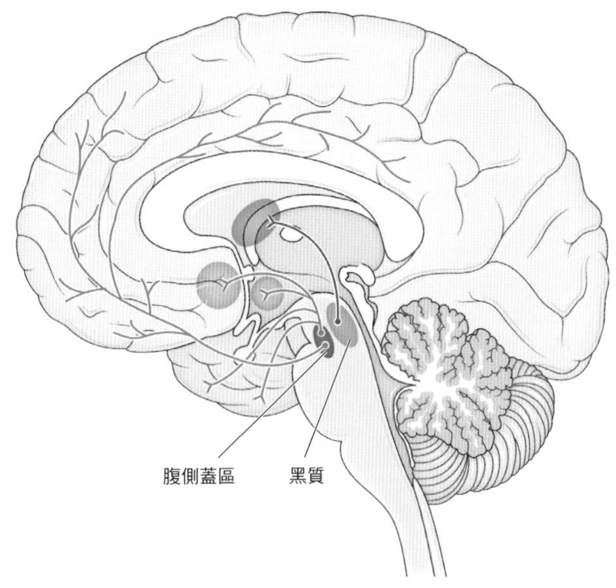


▲ 負責釋放多巴胺的神經元與決策相關，集中在腦裡的小區域：腹側蓋區和黑質。雖然這兩區在腦中只占彈丸之地，但卻有具廣大影響力的廣播功能，當某項抉擇的預測值與實際情況相比太高或太低時，這兩個區域就會發布更新。

沒有什麼值得驚訝的了。這種現象暗示，腦在很久以前，就發現從酬賞中學習的基本原理。

## 當下的強大力量

現在，我們看過如何把價值附加在不同選項上。但是常常有一些轉捩點會妨礙良好的決策，像是我們往往認為，近在眼前的選項有比較高的價值，勝過只能在腦海模擬的選項。阻撓我們做出未來良好決策的敵人，就是當下。

2008年，美國經濟急遽衰退。這場風暴的根源很簡單，就是有許多屋主超額借貸來買房子。他們獲得的貸款頭幾年利率低得驚人，但問題出在試行期結束時，利率會調高。利率調高後，許多屋主發現自己無力償還，因而喪失贖回房子的權利，最後將近有一百萬件房產陷入這種情況，造成全球經濟動盪。

這場災難究竟與我們腦中互相競爭的各種網路有什麼關係？這些次級房貸使民眾能夠在當下買到一間不錯的房子，而把高利率推遲到以後。就這一點來說，對那些渴望獲得立即滿足的神經網路，亦即那些「現在就要得到東西」的網路，這項提議有絕對的吸引力。獲得立即滿足的誘惑，對我們的決策有強大的影響力，因此房市泡沫不僅可以視為經濟學現象，也是一種神經學現象。

當下的吸引力，不只影響人們的借款行為，當然也影響到那些愈來愈有錢的放款機構，讓他們願意即刻提供貸款，而不要求對方盡速歸還。放款機構還把這些貸款重新組合包裝後賣出。這些做法並不道德，然而誘惑太大，成千上萬的人都難以抵擋。

「現在」對上「未來」的戰爭，不只發生在房市泡沫，也穿透我們生活的各個領域。這就是為什麼車商希望你上車試駕，服飾店希望你試穿衣服，商人希望你實際摸摸商品。純粹在腦海中模擬，是比不上此時此刻真實體驗的。

對腦而言，「未來」可能永遠只是「現在」的黯淡影子。「現在」具有的威力，解釋了為什麼人們會選擇「當下享樂，而在未來面臨糟糕的後果」：有人沉迷於酒精或藥物，即使他們知道不應該；運動員使用同化類固醇，即使這類藥物會使壽命縮短數年；已婚的人抗拒不了眼前的外遇誘惑。

我們能做些什麼事，來克服現在的誘惑嗎？幸虧腦裡有互相競爭的系統，我們的確有辦法。想想下列情形：我們都知道，要做某些事情實在不容易，例如定時上健身房。我們想讓身體維持在良好狀態，但到了真正要去健身時，眼前通常會有看起來更好玩的事情。我們正在做的事情有強大的拉力，贏過未來變得健康的這種抽象概念。以下有個解決方法：為了確保你會去健身房，你可以從三千年前的一位古人身上獲得靈感。

## 爲未來做準備：尤里西斯合約

這位古人處於健身房情境的極端版本。他想要完成某件事情，但知道自己到時候會無法抵擋誘惑。對他來說，事情無關讓體格變好，而是讓自己在遇到有催眠能力的女妖時保住性命。

這個人就是傳奇英雄尤里西斯，故事發生在他打贏特洛伊戰爭後的歸鄉途中。在漫長旅程中的某個時刻，尤里西斯發現他的船將會經過一座小島，島上住著美麗的賽蓮女妖。

賽蓮女妖以美妙歌聲著稱，使水手為之著迷，如痴如醉。問題出在水手難以抗拒這些女妖的魅惑，他們會因為想接近女妖而把船駛向岩礁，進而發生船難。

尤里西斯極度渴望聆聽這些傳聞中的歌聲，但又不想讓自己和船員送命，於是他想出一個計策。他知道一旦聽到歌聲，他會不由自主的把船撞向岩礁。有問題的不是現在這位理性的尤里西斯，而是未來那位聽到賽蓮女妖歌聲後，喪失理智的尤里西斯。所以，尤里西斯命令手下把他牢牢綁在船桅上。水手用蜂蠟把自己的耳朵塞起來，這樣就聽不到賽蓮女妖唱歌，而且水手只管划船，並嚴格遵守命令：無論尤里西斯怎麼哀求、哭喊、掙扎，都不予理會。

尤里西斯明白，未來的自己沒資格做出良好決策。所以頭腦清楚時的尤里西斯先把事情安排妥當，以防自己做錯事。於是「現在的你」和「未來的你」之間的這類協議稱為「尤里西斯合約」。

就拿上健身房的情形來說，我的尤里西斯合約很簡單，就是先跟朋友約好在那裡碰面，讓維繫社交約定的壓力把我綁在桅杆上。要是你注意尋找，會發現身邊到處都有尤里西斯合約。比方說，那些在期末考週調換臉書密碼的大學生：每個學生都讓另一位學生更改自己的密碼，大家都要到期末考結束後才能登入臉書。參加戒酒計畫的酗酒者，第一步是把家裡的酒全部清理掉，這樣意志軟弱時才不會面臨誘惑。有體重問題的人動手術縮減胃容量，讓自己無法吃太多。

還有變形的尤里西斯合約，有些人把事情做一番特別的安排，要是他們違反承諾，就會害自己捐款給「反慈善團體」。例如，有一位終生都在爭取權利平等的女士，開出一張捐給三K黨的支票，然後嚴格要求朋友在她又抽菸時把支票寄出去。

所有例子中的主角都在當下把事情規劃好，防止未來的自己做出不當行為。把自己綁在桅杆上，可以避免當下的誘惑。這是一種訣竅，讓我們的行為舉止更容易與我們想成為的那種人看齊。尤里西斯合約的關鍵是要體認到，我們在不同的場合背景下，會變成不同的人。為了做出更好的決策，重要的是不僅要認識自己，還要認識每一個自己。

## 看不見的決策機制

了解自己只是這場戰爭的一部分，你也必須了解每一次戰爭的結果不盡相同。即使沒有尤里西斯合約，有時候你會一頭熱投入健身，有時候又提不起勁。有時候你比較能做出好決策，但其他時候你的神經議會突然冒出了讓你將來後悔的表決結果。為什麼會這樣？因為這些結果取決於許多與身體狀態相關的變化因素，而且它們時時在變化。舉例來說，有兩名正在服刑的囚犯預定出席假釋委員會。一名囚犯在上午11時27分出席委員會，他的罪名是詐欺，正在服三十個月的刑期。另一名囚犯在下午1時15分出席委員會，罪名與判決都與前者相同。

第一位囚犯的假釋遭到拒絕，然而第二位囚犯的假釋獲准。為什麼？影響決定的因素是什麼？種族？長相？年齡？

2011年的一項研究分析了法官的一千例裁決，發現與上述那些因素無關，大部分與飢餓有關。就在假釋委員會於午休享用餐點之後，囚犯獲得假釋的機率上升到最高點的60%。然而，在委員會議程尾聲時，囚犯獲得假釋的機率最低，可能性只有20%。

換句話說，當其他需求的重要性提升時，決定的優先順序會重新排列。情勢改變，評估也會跟著改變。囚犯的命運無可避免的與審查法官的神經網路交織在一起，而這些神經網路的運作是按照生物需求進行的。

有些心理學家把這一種效應稱為「自我耗損」(ego-depletion)，代表腦參與執行功能及規劃的較高階認知區域(例如前額葉皮質)變得疲乏。意志力跟油箱裡的汽油一樣，都是會被我們用完的有限資源。以法官的情形來說，他們必須決定的假釋案愈多(一次開庭最高會審到35件案子)，腦裡消耗的能量也愈多。但在吃過三明治和水果等食物後，他們的能量儲存獲得補充，其他的驅力就有力氣主導決策。

慣例上，我們假設人是理性的決策者，會吸收、處理資訊，提出最佳答案或解決方法。但真實世界中的人並不是這樣運作的，即使是努力摒除偏見的法官，也會受到生物學的束縛。

# 意志力是有限的資源

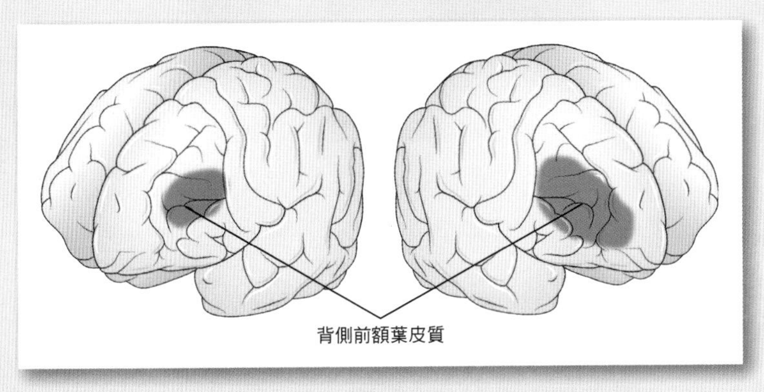


▲ 在下列兩種情形中，背側前額葉皮質都會活化：控制飲食的人面臨一堆食物時，選擇比較健康的食物；或是人們選擇放棄當下的小酬賞，以換取未來更好的結果。

我們會花很大的力氣來哄騙自己做出我們覺得應該做的決定。想要當正直坦蕩的人，我們通常要依靠意志力才辦得到，意志力是內在力量，讓你能夠跳過餅乾不吃（或只吃一片），或即使在你真的很想出門晒太陽時，仍然讓你努力趕上截止期限。我們都知道意志力耗盡時的感覺：辛苦工作一天下來，人們通常會做出糟糕的抉擇，例如吃下比原先想吃的量還多的一餐，或乾脆去看電視而趕不上最後期限。

心理學家鮑邁斯特（Roy Baumeister）和同事進行了更周密的意志力測試。研究人員邀請一些人來看一部悲劇電影，並告訴半數人可以像平日一樣反應，然而卻指示另外一半的人壓抑情緒。看完電影後，發給每一個人握力器，要求他們握緊，愈久愈好。結果那些壓抑情緒的人較快放棄。為什麼會這樣？因為自我控制是需要能量的，於是在做下一件事情時，可用的能量變少了。那就是為什麼抗拒誘惑、做出困難決定或者發起行動，似乎都是從同一口井汲取能量。

意志力不是要用就有，而是會被我們消耗掉的。

事關與愛人的相處時，我們的決策也同樣會受到影響。我們來思考一夫一妻制，也就是只能與一位伴侶結合、相守的這件事。這種決定似乎牽涉到文化、價值觀與道德觀，這些都沒有錯，但還有更深刻的力量影響你的決策：荷爾蒙，特別是催產素，這是連結伴侶關係的神奇關鍵因素。一項最近的研究找來與女性墜入愛河的男性，額外施以微小劑量的催產素，然後要求他們為幾位女性的吸引力程度評定等級。施用催產素的男性會發現他們的伴侶變得更有吸引力，但不覺得其他女性如此。事實上，在實驗過程中，這些男性對一位有魅力的女性研究人員保持更遠的距離。催產素可以讓他們與伴侶之間的關係更緊密。

為什麼會有催產素這類的化學分子，引導我們步入緊密結合的關係？畢竟從演化的觀點來看，如果男性的生物學使命是盡可能把自己的基因散布出去，我們可能預期男性應該不會想要單配偶制。但是從後代生存的角度來看，有雙親的照顧勝過只有單親。這項簡單明瞭的事實十分重要，因而使得腦用隱密的方式來影響你在這方面的決策。

## 了解決策過程，才能真正改造社會

愈是了解決策過程，就愈有機會制定更好的社會政策。例如，雖然方式各不相同，但我們每個人都在努力控制衝動。極端情況下，我們可能最後臣服於衝動的立即渴望。從這個觀點，我們能夠更細膩的理解一些社會共同努力的行動，例如「向毒品宣戰」（War on Drugs）。

藥物成癮是美國社會的老問題，它會導致犯罪、生育力下降、精神疾病、疾病傳播，而且最近更讓監獄人滿為患。十個犯人裡面，幾乎有七個符合藥物濫用或藥物依賴的標準。有一項研究表示，35.6%的受刑人因為受到藥物影響而犯罪。藥物濫用可以換算成幾百億美金的損失，大多是因為毒品相關犯罪造成的。

大多數國家處理藥物成癮問題的方式，是把吸毒視為犯罪行為加以管制。幾十年前，有38,000名美國人因毒品犯罪而入獄。到了今天，變成50萬人。從表面上來看，聽起來像是「向毒品宣戰」的成果，但是這麼可觀的監禁人數並沒有減緩毒品交易。這是因為在大多數情形中，關在鐵牢裡的人不是販毒集團老大、幫派頭目或毒品大盤商；實際上，被關起來的犯人持有的毒品量都很少，通常不到2公克。他們是吸毒的人，是上癮的人。把他們送進監獄無法解決問題，還經常會讓他們的狀況更惡化。

美國因為毒品相關犯罪而入獄的人，比歐盟國家所有囚犯加起來還多。問題是，監禁引發了代價高昂的惡性循環，那些人會再犯，然後再坐牢，周而復始，沒完沒了。監禁破壞了他們原有的社交圈子和就業機會，但他們因此得到的新社交圈子和就業機會，卻常使他們的毒癮加劇。

每一年，美國投入兩百億美元向毒品宣戰，全球的反毒經費超過一千億美元，但是這些投資沒有效果。自從反毒戰爭開打之後，使用毒品的情形反而更加氾濫。為什麼這些付出沒有成功？解決毒品供應問題的困難之處，在於這就像捏水球，你從水球的某處壓下去，它會從別處凸出來。與其打擊毒品供應，更好的策略是處理需求問題。對毒品的需求是發生在成癮者的腦子裡。

有些人認為，藥物成癮與貧窮和同儕壓力有關。這些因素確實扮演某種角色，然而問題的核心是腦的生物學。在一些實驗中，大鼠會不停按壓輸送藥物的壓桿，透過自我給藥系統注射毒品，甚至不吃不喝也無所謂。大鼠這麼做，並非由於財務出問題或受到社交壓力逼迫。牠們這麼做，是因為這些毒品會刺激腦裡的基礎酬賞線路。毒品說服腦相信，吸毒這項決定比其他事都更棒。腦中其他網路可能會加入戰爭，那些網路代表抗拒毒品的所有理由。但對於已經上癮的人來說，獲勝的總是那些渴望毒品的網路。雖然多數有毒癮的人想要戒毒，卻無能為力，最後淪為衝動的奴隸。

藥物成癮的問題出在腦，因此解方可能也藏在腦裡。有種方式是扭轉控制衝動的局勢。這種方式不是只依靠遙遠的抽象概念，而是藉由迅速確實執行刑罰來達成，例如要求毒品犯一星期接受兩次毒品檢驗，若沒通過就直接入獄。同樣的，有些經濟學家主張，美國自1990年代初期開始的犯罪率下降，一部分歸功於警察較常上街頭巡邏。用腦的話來說，看到警察，會促使能夠衡量長期後果的網路更活躍。

## 操控腦中的交戰網路

在我的實驗室裡，我們正在研究另一個可能有效的方法。我們在古柯鹼成癮者進行腦部造影時給予即時回饋，讓他們可以看到自己的腦部活動，並學習如何調節。

來見見我們的一位參與者：凱倫。她活潑又聰明，雖然年屆五十，仍保有青春活力。她有快克古柯鹼的癮頭已經二十多年，凱倫說毒品毀了她的人生。如果看到毒品正在面前，她會覺得除了吸食之外別無他法。我的實驗室正在進行一些實驗，我們把凱倫送到腦部掃描儀器裡進行功能磁振造影。我們讓她看快克古柯鹼的照片，請她開始動念渴望吸食。這對她來說很容易，她腦中的特定區域變得活躍，我們把這些腦區歸結為渴望網路。然後我們請她壓抑渴望，要她從金錢、人際關係及就業情形的角度，想想自己為了快克古柯鹼付出的代價。這活化了腦中一系列不同區域，我們歸結為抑制網路。渴望網路和抑制網路總是在交戰，爭奪霸權；無論何時，獲勝的那一方，可以決定凱倫在面對快克時的作為。

運用掃描儀器的快速計算技術，我們能夠計算出哪一個網路處於優勢：短期思維的渴望網路？還是長期思維的衝動控制網路（也就是抑制網路）？我們提供凱倫即時的視覺回饋，以汽車時速表的形式呈現，所以她能看到戰況的發展。渴望網路占上風時，指針會指在紅色區域；她成功抑制渴望時，指針移到藍色區域。她可以運用不同策略，找出能夠扭轉腦中網路戰局的事物。

經過一再練習，凱倫更加了解自己需要做什麼來移動指針。她或許不一定會從意識上覺察自己如何做到的，但是藉由反覆練習，她可以強化有抑制作用的神經線路。這項技巧仍在萌芽階段，但是我們寄予厚望，希望下一次接觸到快克時，只要她想，就能擁有克服立即渴望的認知工具。這種訓練並不會強迫凱倫做任何特殊行為，只是提供認知技巧，讓她更能夠控制自己的決定，而非屈服於衝動。

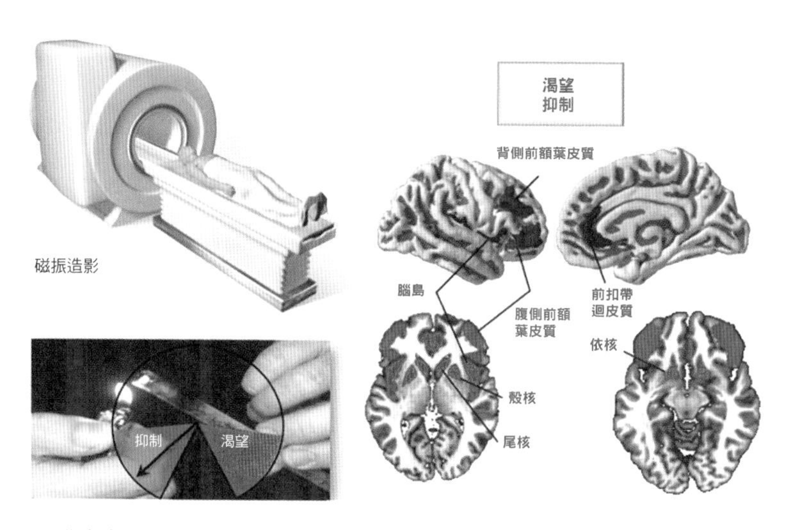


▲ 腦中有一些網路與渴望某件事物相關（紅色區域），有一些網路則與抑制誘惑有關（藍色區域）。我們利用神經造影的即時回饋，測量兩種網路的活性，然後給予參與者視覺上的回饋，讓他們知道自己在這場戰爭中的表現。

數百萬人有藥物成癮的問題，然而監獄並非解決這個問題的好地方。如果我們具備人腦實際上如何做決策的知識，就能夠發展出處罰以外的新方法。我們現在愈來愈清楚腦中的運作情形，因而能夠以最好的考量，調整自己的行為。

一般來說，熟悉腦中決策機制能改善刑事司法體系，使其不受毒癮問題拖累，引進更有人性、更有經濟效益的政策。這會是怎樣的狀況？首先會著重戒治而非大量監禁。這聽起來可能有些虛幻，但事實上有一些機構已經率先採用這種方法，而且成效良好，其中一處就是位於麥迪遜的門多塔少年治療中心（Mendota Juvenile Treatment Center）。

門多塔中心收容12歲到17歲的少年，許多人所犯的罪行在其他情形下，很可能會遭判無期徒刑。但是在這裡，卻只讓他們入院。對當中多數少年來說，這是他們的最後機會。這項計畫自1990年代初期開始啟動，以嶄新方法處置這些被體制放棄的少年。計畫特別關注他們發展中年輕的腦。如同我們在第1章見到的，當前額葉皮質還沒有發展完全，很常在欠缺深思熟慮之下，衝動做出決定。門多塔的戒治方式，即受到這種觀點啟發。為了幫助這些少年改善自我控制的能力，這項計畫提供導師、諮商及獎勵制度。重要的技巧是，訓練他們在做出任何可能的抉擇前，先暫停一下，思考未來的後果，鼓勵他們模擬可能發生的情形，以此強化某些神經連結，壓制滿足當下衝動的渴望。

控制衝動的能力薄弱，是監獄裡大部分囚犯的標誌特徵。許多違法的人普遍知道是非之分，也明白有刑罰的嚇阻，但卻由於不能控制衝動而做錯事。他們看到老婦人拿著昂貴的手提包，就想乘機下手，完全不會停下來思考其他選項。當下的誘惑，戰勝了對未來的思考。

現今刑罰的基礎在於，犯罪既出自個人意願，就必須接受譴責，因此門多塔中心是另類實驗。雖然許多社會對懲罰犯罪有根深柢固的動機，我們仍可以想像不一樣的刑事司法體系，一種與決策的神經科學更密切相關的體系。這種法律體系不是要縱放任何人，而是更關心如何處理違法者，著眼於他們的未來，而不是只從過去種種認定他們一無是處。為了維護社會安全，我們必須讓違反社會契約的人遠離街頭，但監獄中的處置不一定只能根據暴力的嗜血慾望，還可以根據有實驗基礎且有意義的戒治。

決策是所有一切的核心，包括我們是誰、我們的所作所為、我們如何感知周遭世界。缺乏權衡各選項的能力，我們將會淪為原始驅力的人質。我們將無法有智慧的駕馭當下，也無法規劃未來的人生。雖然你的身分認同只有一個，但是你的思維不止一種，你由許多互相競爭的驅力集合而成。一旦我們了解各種選項如何在腦裡決一勝負，就能夠學會為自己，也為社會做出更好的決策。

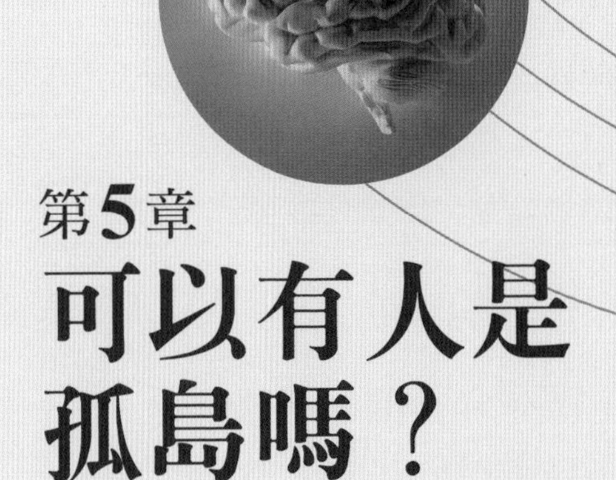

# 第5章 可以有人是孤島嗎？

你的頭腦需要什麼東西才能正常運作？
除了你吃下去的食物裡的養分，
除了你吸進去的氧氣，
除了你喝下去的水，
還有別的東西，
那些東西同樣重要：
你的頭腦還需要其他人。
正常頭腦依賴我們周遭的社會網路才能運作，
其他人的神經元讓我們的神經元持續生存、茁壯成長。

## 我們有一半是其他人

今天，有超過70億顆人腦在地球上波波碌碌。雖然我們通常覺得自己是獨立的個體，但是我們的腦在彼此交互作用的密集網路中運作，由於來往非常頻繁，使我們能合理的把人類這個物種的成就，視為一個變化多端巨大生物體（mega-organism）的作為。

我們習慣上把一顆顆人腦分開來個別研究，但這種研究法忽略了一件事實：有為數繁多的腦線路是與其他人的腦息息相關的。我們徹頭徹尾就是社交生物。我們的社會建立在層層疊疊的複雜社交互動上，從家人、朋友、同事到商業夥伴。環顧四周，我們看到關係的建立與破滅、家庭牽絆、令人難以自拔的社群網路連結，以及強迫結盟。

這些社會黏著劑產自腦中的特殊線路，那是不停蔓延的網路，能夠密切注意其他人、與他們溝通、感覺他們的痛苦、評判他們的意圖、解讀他們的情緒。我們的社交技巧深植於神經線路中，了解這些線路是新興研究領域的基礎，這門年輕的領域稱為社會神經科學。

現在，讓我們花點時間來思考：兔子、火車、怪獸、飛機、玩具，這些東西儘管截然不同，但都是動畫影片中受歡迎的主角，而且我們可以毫無困難的賦予這些事物意義。觀眾的腦只需要少許暗示，就能接受假設，認定這些角色如同人類，於是我們會因為它們的瘋狂行為或笑或哭。

為非人類的角色賦予意圖，這種傾向在心理學家海德（Fritz Heider）和西梅爾（Marianne Simmel）於1944年拍攝的短片中更是顯著。影片裡有一個三角形和一個圓形一起前來，繞著對方轉。過一會兒，有一個大三角形躲在一旁窺探這幅情景。然後，大三角形突然撞向小三角形，一直推它。圓形緩緩溜進後頭的長方形構造裡，把門關上；在這同時，大三角形去驅趕小三角形，然後大三角形來到長方形構造的門口，不懷好意。大三角形撬開門，進來追趕圓形，圓形瘋狂的尋找其他逃命出口（但不成功）。就在情勢陷入絕望之際，小三角形回來了。它打開門，圓形衝上前去迎接，然後圓形與小三角形一起逃出去，並關上身後的門，把大三角形困在裡面。被關起來的大三角形衝撞長方形結構的牆壁，在外頭的小三角形和圓形互相繞圈圈。

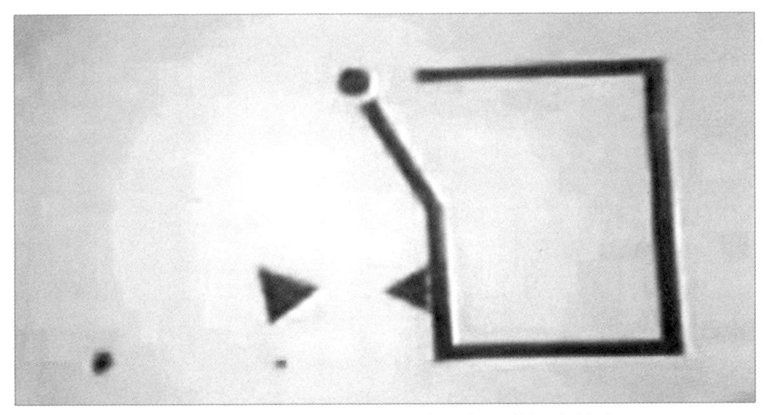

▲觀賞影片的人會不由自主為這些動來動去的形狀加上故事。

我們播放這部短片給大家看，要求他們描述看到的景象時，你或許預期他們會說，有一些簡單的形狀跑來跑去。畢竟，那只是坐標一直在變動的圓形和三角形。

但觀眾不是那樣說的。他們敘述了一個愛情故事，有打鬥，有追逐，最後贏得勝利。海德與西梅爾用這部動畫來說明，我們有多麼容易從周遭事物感知到社會情緒。映入我們眼簾的是移動的圖形，但是我們看到意義、動機和情緒，以帶有社會意涵的敘事呈現。我們就是忍不住硬要加上故事。自古以來，人類看到鳥兒飛翔、星移斗轉、樹木搖曳，就為這些事物編故事，詮釋其中的含意。

這種愛說故事的習性不只是怪癖，還是理解人腦線路的重要線索。這揭露了我們的腦預設來進行社交互動的程度有多高。畢竟，我們得快速評估出誰是朋友、誰是敵人，才能夠生存下來。我們藉著評斷別人的意圖，引導自己在社交世界中航行。她想幫忙嗎？我需要擔心他嗎？他們有留意到我的最大利益嗎？

我們的腦經常在進行社交判斷。但這種技巧是我們從生活經驗學來的，還是生來就擁有的？為了弄清楚，我們可以研究嬰兒是否具有這種技巧。我重現耶魯大學心理學家漢林（K. Hamlin）、溫恩（K. Wynn）和布魯姆（P. Bloom）的實驗，邀請嬰兒來觀賞玩偶表演，一次只邀請一位小觀眾。

這些嬰兒不滿一歲，正開始要探索周遭的世界，都還缺乏生活經驗。他們坐在媽媽的腿上看表演。布幕打開時，有一隻小鴨努力想打開箱子，箱子裡裝有工具。小鴨拉起蓋子，但就是抓不住。兩隻穿著不同顏色T恤的小熊在一旁看著。

過了一會兒，其中一隻小熊動手幫忙，和小鴨一起抓住盒子邊緣，把蓋子拉開。他們立刻互相擁抱，但是蓋子又合上了。

於是小鴨再一次試著打開蓋子。這時在旁觀看的另一隻小熊用身體壓住蓋子，不讓小鴨打開。

這就是全部節目。簡單來說，就是一段沒有對白的情節，有一隻小熊好心幫助小鴨，另一隻小熊很壞心。

布幕落下後再重新打開，我拿出那兩隻小熊，帶到嬰兒觀眾面前。我舉起兩隻小熊，要小孩選一隻來玩。不可思議

▲即使是嬰兒，也能判斷其他人的意圖，我們用布偶秀展現了這件事。

▲ 讓這些嬰兒從兩隻小熊中選擇，他們會選好心的小熊。

的是，幾乎所有嬰兒都選擇那隻好心的小熊，如同耶魯大學研究人員的發現。這些嬰兒還不會走路和說話，但是已經擁有判斷別人的技巧。

我們通常假設，評估他人的可信任程度是依據多年的生活經驗學習而來的。然而像這樣的簡單實驗說明，我們都配備了社交天線，用來摸索、闖蕩這個世界，縱使嬰兒也一樣。腦生來具有偵測誰值得信任、誰不值得信任的本能。

## 我們周遭的微妙訊號

隨著日漸成長，我們的社交挑戰愈來愈微妙、複雜。除了言詞和行動之外，我們還必須了解語調變化、臉部表情及身體語言。當我們有意識的專注於正在討論的事情上，腦正忙著處理複雜的資訊。這種運作完全是本能，基本上已化為無形。

要察知某樣事物功能的最好方法，通常是看看這個世界沒有了那樣事物之後會變成如何。對羅比森（John Robison）來說，社會腦的正常活動，就是他成長過程無法覺察到的事物。他小時候受到其他孩子的霸凌和排擠，但是發現自己熱愛機器，如他所述，他會花時間跟曳引機相處，因為機器不會欺負他。他說：「我想，我是先學會怎麼跟機器做朋友，然後才跟其他人做朋友。」

最後，羅比森對科技的喜愛帶領他到達不同的境界，那是霸凌他的人只能在夢中想像的。不到21歲，他就在「吻」（KISS）樂團巡迴演唱時擔任器材管理員。然而，即使周遭充滿這些搖滾傳奇偶像，他的想法仍然跟別人不同。有人問他對各個音樂人的看法，想知道他們是怎麼樣的人，羅比森的回覆卻是說明，他們如何在七臺Sunn Coliseum貝斯音箱連在一起的情形下演奏音樂。他會解釋整個貝斯系統有2,200瓦，還能列舉出各種音箱，並說明交越頻率是多大。至於透過這些音箱演唱的歌手，羅比森無法告訴你任何事，因為他活在科技和設備的世界中。到了40歲時，羅比森經診斷出亞斯伯格症，那是自閉症的一種。

然後發生一件事，改變了羅比森的人生。2008年，他獲邀參與哈佛醫學院的一項實驗。巴斯卡里歐尼博士（見第111頁）帶領的研究小組使用跨顱磁刺激（TMS），來評估腦中某一區如何受到另一區的影響。TMS儀器經由在頭旁邊發出強力磁脈衝，使腦裡引發小幅電流，暫時干擾腦的局部活動。這項實驗的目的是讓研究人員獲得更多關於自閉症腦的知識。

研究小組利用TMS瞄準羅比森腦中許多參與高階認知功能的區域。起初，羅比森回報這種刺激沒有效果。但是在某一次，研究人員把TMS作用在背側前額葉皮質，該處是腦中較晚演化出來的部位，參與彈性思考及抽象概念。羅比森說自己在某方面變得不一樣了。

羅比森打電話告訴巴斯卡里歐尼博士，這種刺激的效果似乎「解開」他身上的某樣東西。羅比森說，這種效應在實驗結束後仍持續，對他而言這開啟了一扇通往社交世界的全新窗戶。羅比森以前完全不明白，別人的臉部表情會傳達出

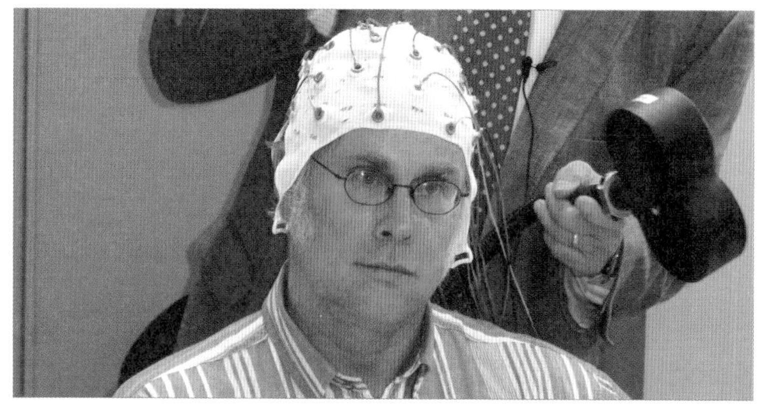

▲ 在接上跨顱磁刺激線圈之前，羅比森先戴上腦波帽。

# 自閉症

自閉症是一種神經發展疾患，有1%的人口罹患自閉症。雖然目前已經確定，自閉症的發展有基因與環境上的肇因，但是很少（或甚至沒有）證據能夠解釋，為什麼近年來診斷出自閉症的人數不斷攀升。

沒有自閉症的人，腦裡有許多區域牽涉到尋找社交線索，以理解他人的感受和想法。有自閉症的人，腦內的這類活動沒有那麼強，同時他們的社交技巧也比較薄弱。

信息，但在實驗之後，他開始察覺那些信息。對於羅比森來說，他對這個世界的感受從此改變。然而，巴斯卡里歐尼持懷疑態度。他認為如果這種效應是真的，那麼應該不會持續太久，因為TMS的效果一般只能維持幾分鐘到幾小時。雖然巴斯卡里歐尼還沒有完全理解發生了什麼事，但他承認，這種刺激似乎讓羅比森發生本質上的變化。

羅比森的社交領域頓時從黑白變成彩色。他現在發現了從前無法覺察的溝通管道。羅比森的故事不只告訴我們，這項新技術有望治療各種自閉症疾患，也揭露了在幕後執行的潛意識機制有多麼重要。在我們清醒時的每一刻，都靠著這種機制致力於社交連結；這種連結就是腦中的線路，根據細微的臉部表情、聽覺或其他感官提示，我們不停破解其他人的情緒密碼。

「我看得出來，別人正顯露出氣到抓狂的跡象，」他說，「但是如果你問到更細微的表情，好比說『我認為你很貼心』、『我懷疑你在隱瞞什麼』、『我真的很想那麼做』或『我希望你這樣做』，我就無法明白這些表情。」

我們生活中的每一刻，腦線路都在依據極其微妙的臉部提示破解其他人的情緒密碼。為了更加清楚我們怎麼能夠快速、自動的解讀臉孔，我邀請一群人到我的實驗室。首先把兩個電極貼在他們臉上，一個貼在額頭，一個貼在臉頰，測量他們表情的細微變化。然後，讓他們看一些臉孔的照片。

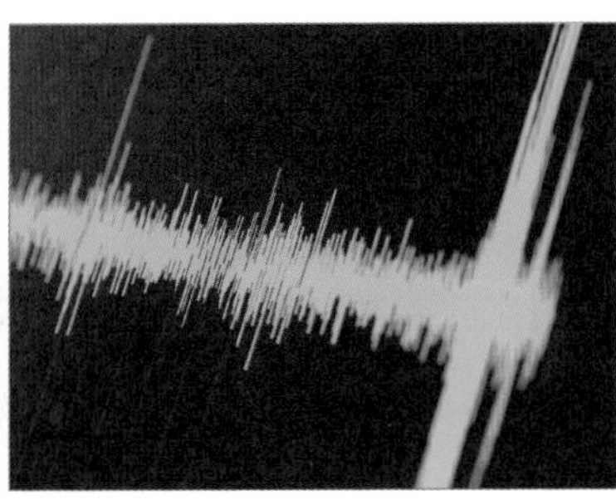

▲ 肌電圖（EMG）能夠測量臉部肌肉的微小動作。

當參與者看到微笑或皺眉的照片，能測量到短期的電活動，顯示他們的臉部肌肉產生動作，而這些動作通常很細微。這是因為一種稱為「鏡像」的現象：參與者自動用臉部肌肉模仿看到的表情。就像照鏡子一樣，微笑可以映射出微笑，即使他們的肌肉動作細微到看不出來。人會在無意間模仿其他人。

這種鏡像有助於說明一件奇怪的事實：結婚很久的夫婦會開始有「夫妻臉」，而且在一起愈久愈明顯。研究顯示，這並非只是因為他們穿衣或髮型風格相似，而是因為他們多年來像照鏡子般看著對方、模仿對方，使得連皺紋的紋路也愈來愈相像。

為什麼我們會模仿別人？這有特定目的嗎？為了找出答案，我邀請另一群人來實驗室，實驗的進行方式和第一群人很類似，除了一件事：第二群人會接觸地球上最強的毒素。如果吃下幾滴這種神經毒素，你的腦就再也不能指揮肌肉收縮，於是你會死於麻痺（具體來說，是因為橫隔膜再也不能動作，讓你窒息）。基於以上事實，大家應該不可能會付錢把這些毒素注射到體內，但是真的有人心甘情願。這種毒素就是肉毒桿菌素，它提煉自細菌，通常以商品名「保妥適」（Botox）在市面流通。如果把肉毒桿菌素注射到臉部肌肉裡，會使肌肉麻痺，因而減少皺紋。

然而，除了美容醫學上的益處，肉毒桿菌素還有較不為人知的副作用。例如給施打肉毒桿菌素的人看同一組照片，從肌電圖顯示，他們的臉部肌肉較少有鏡像模擬。這不讓人意外，因為肉毒桿菌素讓他們的肌肉功能變弱。另一件事才叫人意外，它最早出現在尼爾（David Neal）與恰特蘭（Tanya Chartrand）於2011年發表的研究論文中。我仿照他們的原創實驗，請兩群參與者（「施打肉毒桿菌素」與「沒有施打肉毒桿菌素」）觀察有表情的臉孔，然後讓參與者從四個詞彙中，選出最能形容該表情的一個。

平均來說，施打肉毒桿菌素的人判讀照片中情緒的表現較差。為什麼？有一項假說認為，缺少來自臉部肌肉的回饋，使他們解讀其他人的能力變弱了。我們都知道，注射肉毒桿菌素的人，臉部變得較不靈活，別人較難辨他們的心情；但令人驚訝的是，這些僵硬的肌肉也會使他們不容易解讀其他人的情緒。

思考該結果的一種方式是：我的臉部肌肉反映出我現在的感受，於是你的神經機制善加利用這一點。在你嘗試了解

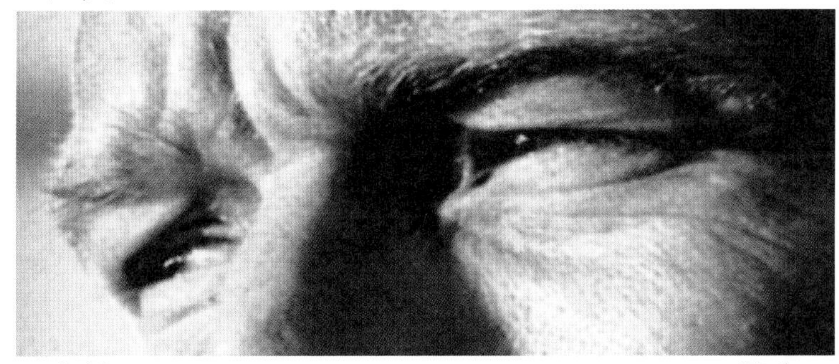


▲在「眼神判斷測驗」中，參與者要看36張臉部表情照片，每一張照片伴隨有四個詞彙。

我的感受時，會嘗試模仿我的臉部表情。你並非有意，卻在潛意識裡快速的這樣做了，然而藉由自動模仿我的表情，你能夠迅速評估我當下的可能感受。這是很厲害的手法，讓你的腦更了解我，並且能更準確的預測出我的下一步。原來，這不過是腦擁有的其中一項獨門訣竅。

## 感同身受的歡喜與悲傷

我們去看電影，躲進情愛、心碎、冒險刺激或恐怖驚悚的世界。但那些英雄和壞蛋只是投射在二維銀幕上的演員罷了，為什麼我們會全心全意關心那些短暫幻影的遭遇？為什麼電影會讓我們又哭又笑，甚至驚喘不已？

想知道為什麼你會在意那些演員，讓我們從疼痛時腦裡發生的事情開始。想像有人用注射器針頭戳你。由於腦裡處理疼痛的地方不止一處，這個事件會活化腦中數個區域，這些區域會協力運作。我們把這些疼痛相關腦區合稱為疼痛網路。

令人驚訝的是，疼痛網路對於我們與其他人如何聯繫非常重要。如果你看到別人被針頭戳到，你大部分的疼痛網路會活化。活化的不是告訴你被針頭戳到了的腦區，而是涉及疼痛情緒經驗的腦區。換句話說，看到別人遭受痛苦，與自己遭受痛苦，兩種情形使用了同樣的神經機制，這就是同理心的基礎。

對別人有同理心，是真正感受到他們的痛苦。你正在設身處地的模擬，如果自己面臨同樣的處境，情形會是如何。我們在這方面的能力，解釋了在人類文化中，電影和小說中的故事為何可以如此引人入勝、滲透人心。不管故事講的是陌生人或是虛構的角色，你都能經歷他們的悲痛欲絕和欣喜

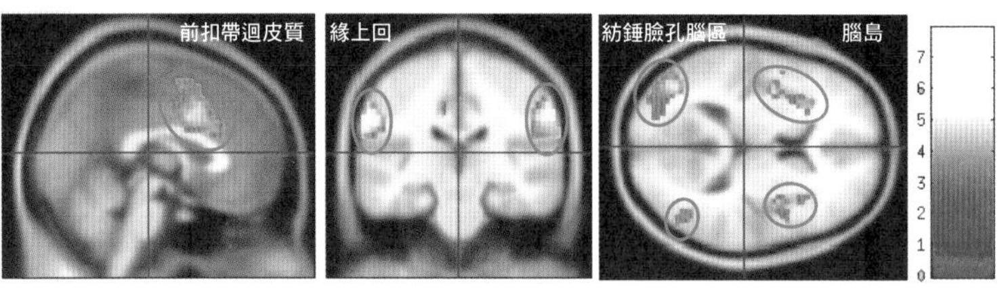


▲ 你感到疼痛時，腦中有一系列區域會活化，稱為疼痛網路。看到別人遭受痛苦時，你的這些腦區大部分也會活化。

若狂。透過同理心，你順利的變成他們，過著他們的生活，站在他們的立場。你看到別人受苦時，大可試著告訴自己，那是別人的事，跟你沒關係，然而你腦裡的神經元分不出之間的差異。

從神經的角度來說，這種感受到別人痛苦的內建能力，是讓我們如此擅長放下自己的立場、體會他人處境的部分原因。但是，我們起初為什麼擁有這種能力呢？從演化的觀點來看，同理心是很有用的技巧：如果我們可以更加掌握別人的感受，就能更準確的預測他們的下一步行動。

然而，同理心的準確度是有限的，在許多情形下，我們只是把自己的想法投射到別人身上。我們以1994年激起全美國同理心的史密斯（Susan Smith）為例。她是住在南卡羅來納的一位母親，那一年她報警說，有個男子搶了她的車子開走，她的兩個兒子還在車上。她一連在全國電視節目上出現了九天，乞求各界拯救她的兒子，讓他們平安歸來。全美國許多與她素昧平生的人，紛紛提供協助與支持。

到最後，史密斯坦承謀殺了自己的小孩。先前大家都對她的劫車故事信以為真，因為她的表現如此真實，已經超出正常預測的範疇。雖然事後回顧起來，案件的情節相當顯而易見，但當時大家卻看不出來，因為我們通常會以自我的觀點（自己是誰、自己能做什麼）來詮釋其他人。

我們忍不住會模擬別人的處境、與別人產生關聯、關心別人，因為我們腦中的硬體線路注定我們是社交生物。這又引發了問題：我們的腦需要依賴社交互動嗎？如果我們的腦缺乏人際聯繫，又會怎麼樣呢？

2009年，和平運動人士蕭德（Sarah Shourd）與兩位同伴到伊拉克北部山區徒步旅行，當時那裡還是一片和平。他們聽從當地人的建議，前往艾哈邁德阿波瀑布（Ahmed Awa waterfall）遊玩。不巧，該瀑布位於伊拉克和伊朗的邊界。伊朗的邊防守衛懷疑他們是美國間諜，因而逮捕三人。兩位男生關在同一間牢房，但是蕭德獨自一人單獨監禁。除了一天有兩次30分鐘的時段以外，她都待在單人牢房，長達410天。

蕭德說：

單獨監禁的頭幾個星期和幾個月，你退縮成動物狀態。我的意思是，你就像籠子裡的動物，大部分時間都在踱步。這種類似動物的狀態，後來變成更像植物的狀態：你的心智反應開始變慢，你的思慮變得反反覆覆。你的腦會自己啟動，成為最強烈痛苦和最可怕折磨的源頭。我在腦海中重新經歷人生的每一刻，最後你耗盡記憶。你把那些事情一一說給自己聽，說了好多遍。其實那花不了多久時間。

蕭德的社交剝奪經驗造成深刻的心理痛苦，缺乏互動使得腦遭受折磨。單獨監禁在許多司法體制中是違法的，正是因為老早有人觀察到，與人互動這個生活中重要的部分若遭

▲ 2009年7月31日，美國人法塔爾（Joshua Fattal）、蕭德及包爾（Shane Bauer）在伊拉克和伊朗邊界附近的瀑布徒步旅行時，遭到伊朗官員逮捕。

剝奪，就會造成傷害。在無法與世界有所聯繫的情況下，蕭德很快進入幻覺狀態：

> 陽光會在一天的特定時刻，以某個角度從窗戶照進來。陽光照亮了牢房裡的塵埃微粒。我把這些灰塵粒子看成占據這顆行星的人類，它們在生命巨流中交互作用、碰撞，共同做一件事。我覺得自己被困在遙遠的角落，遠離生命巨流。

2010年9月，在囚禁一年多之後，蕭德獲得釋放，得以重返自由。這事件的創傷仍形影不離跟著她，她罹患憂鬱症，很容易陷入恐慌。翌年，她嫁給登山同伴之一的包爾。蕭德說，她和包爾能讓彼此平靜下來，但這也不是容易的事，因為他們都有情緒創傷。

哲學家海德格（Martin Heidegger）認為，很難說一個人「存在」，而是要說我們通常「在世界之中存在」。他用這種方式強調，「你是誰」有一大部分包含了周遭世界。自我不會存在於虛無真空之中。

雖然科學家和臨床專家能夠觀察單獨監禁的人會發生什麼情況，但是要直接研究仍然很困難。不過，神經科學家艾森柏格（Naomi Eisenberger）進行的實驗，讓我們了解在較溫和的條件下（當我們被一群人排擠），腦裡發生了什麼事。

想像你和其他兩個人在玩拋接球，在某個時機你遭到其他玩家排擠，也就是另外兩個人互相傳球，把你排除在外。這樣簡單的情境，是艾森柏格實驗的根據。她讓志願者玩一個簡單的電腦遊戲，志願者操作的角色會跟其他兩個玩家拋接球。這個實驗讓志願者以為另外兩個玩家是由其他人控制的，但實際上那只是電腦程式的一部分。起初其他人玩得很和善，但是一陣子之後，那兩人只跟彼此玩球，把志願者排除於踢球遊戲外。

艾森柏格讓志願者躺在腦部掃描儀器裡玩遊戲（這種掃描技術叫做功能磁振造影，請見第4章）。她發現值得注意的現象：志願者在遊戲中被排擠時，他們腦裡的疼痛網路相關區域會活化。沒拿到球或許是微不足道的小事，但是社交排斥對腦來說意義重大，因而真的使它覺得痛苦。

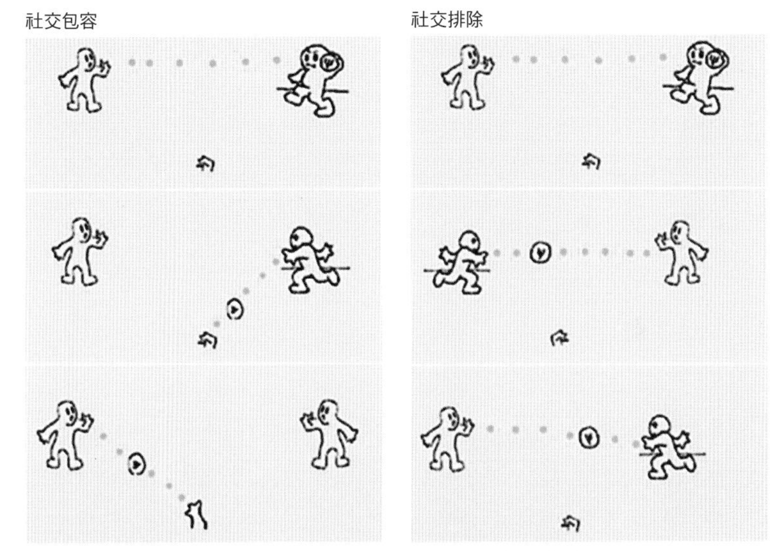


▲ 在社交排除的實驗中，志願者在接球遊戲中遭到排擠。

為什麼遭到排斥會令人痛苦？根據推測，這是社交結合在演化上具有重要性的線索，換句話說，疼痛是把我們推向與其他人交流並獲得接納的機制。我們的內建神經機制驅使我們與其他人結合，督促我們成群結隊。

這讓我們認識周遭的社交世界，不論在哪裡，人類總是聚集成群。我們透過家庭、友誼、工作、作風、運動隊、宗教、文化、膚色、語言、嗜好及政治立場的關係凝聚在一起。這讓我們有群體歸屬感，而且這項事實也為人類這個物種的歷史，提供了關鍵提示。

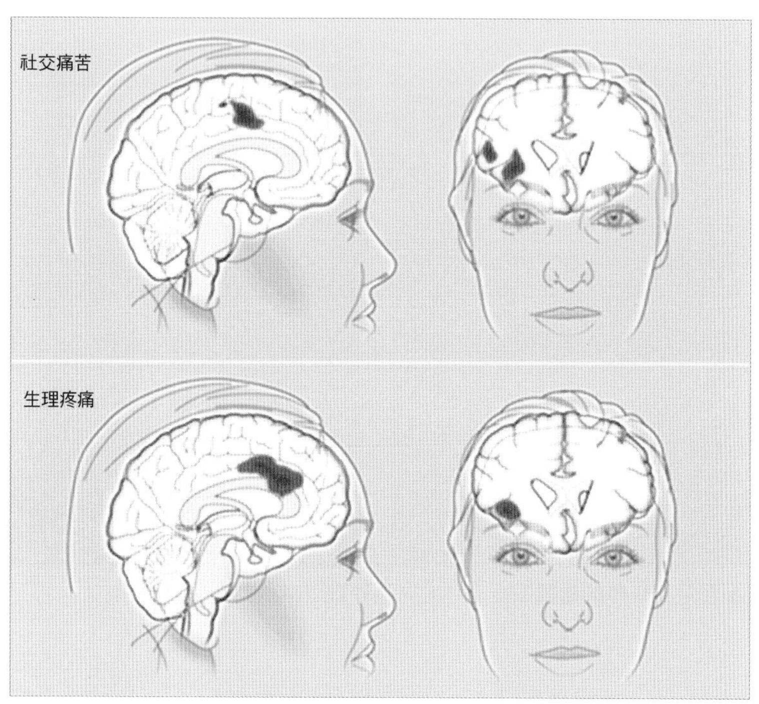


▲ 遭到排斥（或類似遭遇）的社交痛苦，所引起活化的腦區，與生理疼痛活化的腦區一樣。

## 除了適者生存，還有……

思考人類演化的時候，我們都很熟悉「最適者生存」這個概念，因而想到這樣的畫面：有一個身強力壯、足智多謀的個體，不論是打鬥、奔跑或交配，都能贏過同物種的其他成員。換句話說，一個人必須有良好的競爭力，才能夠茁壯成長並生存下去。這個模式很有說服力，但是卻難以解釋我們某些方面的行為。

想想利他現象：「最適者生存」能解釋人們為何會互相幫助對方擺脫困境嗎？挑選出最強壯的個體似乎無法解釋利他現象，因此理論學家另外引進其他的想法：「親擇」。這就是說，我不只在意自己，還在意與我共享遺傳物質的其他人，例如兄弟姊妹及堂表兄弟姊妹。如同演化生物學家霍登（J.B.S. Haldane）的妙語：「我願意跳到河裡去拯救我的兩個兄弟，或八個表兄弟姊妹。」

然而，即使用上親擇，也不足以解釋人類行為的所有面向，因為人類會不分親疏遠近聚在一起，通力合作。觀察到這類的現象，導致了「群體選擇」想法的產生。這種觀念如下：如果一個群體中的所有人都會合作，那麼該群體中的每一個人會因而有更好的景遇。一般來說，你會比那些不跟鄰居合作的人過得更好。群體中的個體成員一起合作，能夠協助彼此存活下去。他們會更安全，更有生產力，也更能克服挑戰。這種與其他個體產生聯繫的驅力稱為真社會性，這種驅力提供如同黏著劑的作用，讓人群不分親疏遠近，建立起部落、團體和國家。

這不代表天擇沒有作用在個體上，只是從個體層次無法看穿全景。雖然大部分的時候，人類彼此競爭，而且以個人為中心，但為了群體的利益，我們生活中也有一大部分時間會與別人合作。這使得人類族群可以繁盛蓬勃，遍布地球，並建立社會與文明，這些豐功偉業是單打獨鬥的個人無法完成的，無論那些人是多麼優秀的最適者。唯有聯合起來成為同盟，才可能有真正的進步，我們的真社會性是現代世界如此複雜、豐富的主要因素之一。

所以，聚集成群體的驅力使我們具有生存優勢，但是也有黑暗的一面。相對於每一個內團體，必定至少有一個外團體*。

## 你和我不同掛

了解內團體和外團體，對於了解人類歷史來說至關重要。有一些群體會對其他群體暴力相向，即使後者沒有還手能力或是不構成直接威脅，這種事在全球各地一再上演。1915年，鄂圖曼土耳其人有系統的屠殺超過百萬的亞美尼亞人。1937年南京大屠殺中，侵略中國的日本人殺戮了數十萬手無寸鐵的平民。1994年，盧安達的胡圖族人在百日內殺害八十萬圖西族人，多數受難者是被大砍刀殺死的。

我不是以歷史學家的超然眼光來看待這些事件。如果你看過我家的族譜，會發現多數分支到了1940年代早期就戛然而止。他們遭到殺害，因為他們是猶太人，他們遭種

*譯注：我們常常會把自己和周遭的人根據某些特點劃分成兩群，認為自己屬於的那一群是「內團體」，另一群則是「外團體」。我們會覺得內團體的人像是「自己人」，外團體的人像是「圈外人」。

族屠殺的魔爪攫住，被納粹劃為非我族類的外團體，成為代罪犧牲品。

納粹大屠殺之後，歐洲一再誓言「不再讓悲劇重演」。但是五十年後種族屠殺再度發生，這一次在不到一千公里外的南斯拉夫。在南斯拉夫內戰期間（1992年到1995年），超過十萬名穆斯林死於塞爾維亞人的殘暴行動，這種行動後來稱為「種族清洗」。其中發生在斯雷布雷尼察的事件相當慘重，短短十天期間，當地有八千名波士尼亞穆斯林（也就是波士尼亞人）遭到殺害。他們先前在斯雷布雷尼察受到塞爾維亞軍隊包圍時，躲入聯合國營區避難。但是到了1995

▲ 荷蘭軍隊正在照管聯合國營區，裡頭有成千上萬的波士尼亞穆斯林尋求庇護。荷蘭指揮官當時把難民驅趕出去，使難民落入外圍敵軍手中，在接踵而來的屠殺行動中，努哈諾維奇失去了家人。

年7月11日，聯合國指揮官把難民趕出營區，送入等在大門外的敵軍魔掌中。婦女受到性侵，男子遭到處決，就連孩童也難逃一死。

我飛到塞拉耶佛，想要更清楚知道事情發展經過，在那裡我有機會跟一位高高瘦瘦的中年男士談話，他叫做努哈諾維奇（Hasan Nuhanovi）。努哈諾維奇是波士尼亞穆斯林，原本在斯雷布雷尼察營區擔任聯合國翻譯人員。他的家人也在那裡，也是難民，但卻被送出營區受死，只有他獲准留下，因為他是有用處的翻譯員。他的母親、父親及弟弟在那一天慘遭殺害。最讓他揮之不去的陰影是：「這些持續不斷的殺戮、酷刑，是我們的鄰居犯下的，就是那些跟你一起生活了幾十年的人。他們竟然能夠殺害和自己在同一所學校上學的朋友。」

為了舉例說明在屠殺當時，正常社會互動如何崩壞，努哈諾維奇告訴我，塞爾維亞人是怎麼逮捕一位波士尼亞牙醫的。他們把他從手臂吊起，掛在燈桿上，再用金屬棒打他，直到他的脊椎斷掉。努哈諾維奇告訴我，牙醫被吊在那裡三天，塞爾維亞孩童走路上學時會從他的屍體旁經過。他說：「普世價值中非常基本的就是：不可殺人。從1992年4月開始，這項『不可殺人』的準則突然消失，變成『去殺人』。」

使人類互動發生如此驚人轉變的因素是什麼？這種事情怎麼能見容於我們這樣的真社會性物種？為什麼世界各地屢屢發生種族屠殺？我們習慣從歷史、經濟與政治的脈絡，來

# 邪惡的E症候群

是什麼因素，使得低落的情緒反應轉變成傷害他人的行為？神經外科醫師弗里德（Itzhak Fried）指出，當你遍視世界各地發生的暴力事件，會發現四海皆然的相同行為特徵。那些人的正常腦功能彷彿發生變化，呈現特殊的表現方式。他主張，如同醫師能在肺炎病人身上看到咳嗽和發燒等症狀，我們也可以在暴力犯身上找到特殊行為的特徵，他把這些取名為「E症候群」（Syndrome E）。

在弗里德的架構中，E症候群的特徵是情緒反應衰退，所以他們能夠一再犯下暴行。其他特徵包括過度激發（hyperarousal），也就是德文的Rausch（沉醉）——做這些舉動帶來極度興奮的感覺。還有群體感染，每一個人都在做這些事，於是這些事開始流行、散布開來。此外也有區隔化，所以某個人關心自己的家人，卻暴力攻擊別人的家人。

從神經科學的角度來看，施暴者的其他腦功能仍然完整，例如語言、記憶和解決問題等功能。這是重要的線索，暗示了腦並非發生全面性的改變，而只有涉及情緒和同理心的相關區域受影響。那些腦區好像短路了一樣，再也無法參與決策。現在，強力影響施暴者下決策的，是那些支援邏輯思考、記憶、推理等功能的腦區，而非能為別人設身處地的情緒考量相關網路。在弗里德的觀點，這相當於道德解離。也就是說，人們不再使用正常情況下指引他們進行社會決策的情緒系統。

◀ 這張納粹大屠殺的照片中，士兵正瞄準一名抱著小孩的婦女。

▲ 努哈諾維奇的家人現在安葬於斯雷布雷尼察的這處墓園。每一年都有更多屍體被發現，在辨認身分後移葬此處。

審視戰爭與殺戮。然而，若想要一窺全貌，我相信也需要從神經現象來理解。正常情況下，你若殺害鄰居會受到良心譴責。那麼，是什麼因素突然使幾百人、幾千人做出那樣的事？是什麼樣的情況，會造成腦正常運作的社交功能出現短路？

## 有些人比其他人更平等

我們能夠在實驗室研究腦社交功能的崩壞嗎？我設計了實驗來一探究竟。

我們的第一個問題很簡單：你對其他人的基本同理心，會隨他們屬於你的內團體或外團體而改變嗎？

我們讓參與者待在腦部掃描儀裡。他們在螢幕上看到六隻手。電腦會隨機選一隻手，方式就像在遊戲節目裡轉動轉盤那樣。獲選的那隻手的畫面會移到螢幕中央放大，你會看到那隻手被棉花棒碰到，或者被注射器針頭戳到。這兩個動作會使視覺系統產生一樣的活性，但是腦中其他區域的反應則大不相同。

如同我們稍早看過的，看到別人遭受痛苦，會使自己的疼痛網路活化，這是同理心的基礎。現在我們可以把同理心問題推往下一級。一建立好基線條件，我們就做了非常簡單的變化：同樣的六隻手出現在螢幕上，但是現在每隻手都有文字標示，分別寫著「基督徒」、「猶太教徒」、「無神論者」、「穆斯林」、「印度教徒」或「山達基教徒」。某隻手

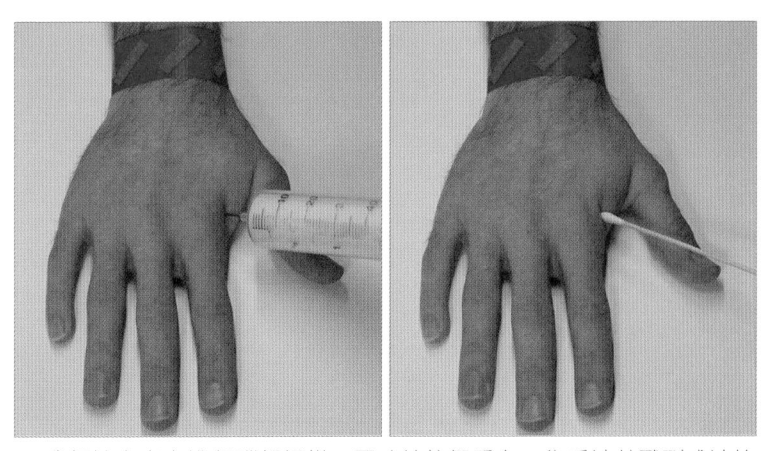

▲ 我們讓參與者進行腦部掃描，同時給他們看有一隻手被針戳到或被棉花棒碰到的影片。

隨機中選後，會在螢幕中央放大，然後受到棉花棒碰觸或遭注射器針頭戳。我們實驗想問的是：你在看到外團體的人遭遇痛苦時，腦的關心程度仍然一樣嗎？

我們發現每個人的反應都不盡相同，但平均來說，人們看到內團體的某人受苦時，腦的同理心反應較大；當對象換成外團體的人時，腦的反應較小。這結果特別值得注意，因為這只是用手上的文字標示進行分類而已，顯示出要建立群體歸屬感幾乎不需要花功夫。

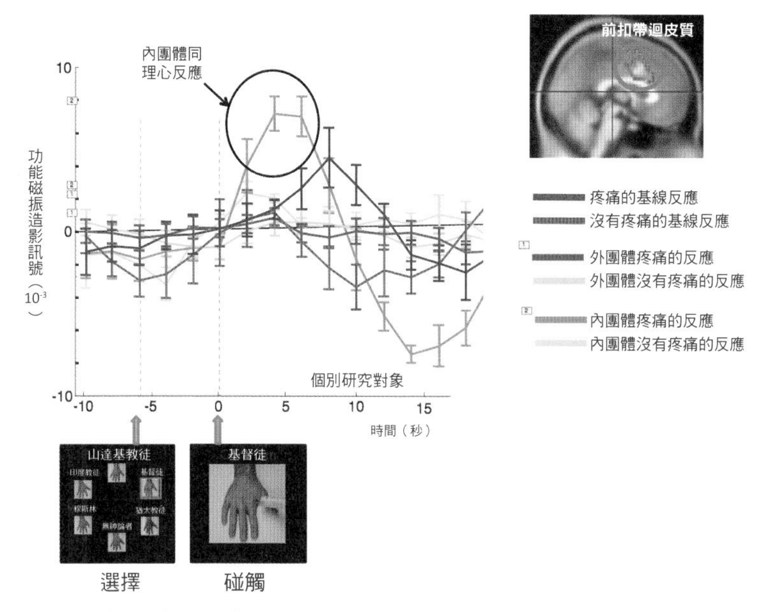


▲ 參與者看到內團體的人遭受痛苦時，前扣帶迴皮質有很強的神經反應。而看到外團體的人受苦時，反應變得微弱。

只要基本的分類，就足以讓腦的前意識對他人的苦難產生反應。此刻，或許有人會對於宗教的區分有意見，但更有意思的是另一個更深入的觀點：在我們的研究中，即使是無神論者，對於標示「無神論者」的手也表現出較大的反應，而對其他標示的手表現出較小的同理心反應。所以這項結果根本上與宗教無關，而是與你所屬的團體有關。

我們看到，人們對外團體的人較無同理心。但若想了解暴力或種族屠殺這類事情，我們仍然需要往下鑽得更深入一些，到「去人性化」的層次。

荷蘭萊登大學的哈里斯（Lasana Harris）主導一系列實驗，讓我們更進一步理解那是如何發生的。哈里斯正在尋找腦中社交網路的變化，特別是在內側前額葉皮質。我們在與其他人交流或是想到其他人的時候，這個區域變得活躍，但是在涉及無生命物體，好比說咖啡杯時，該腦區不會活化。

哈里斯請志願者看不同社群的照片，例如無家可歸的人或是毒品成癮者。他發現，當受試者在看無家可歸的流浪漢時，內側前額葉皮質比較不活躍。彷彿這些人像是物品似的。

如同哈里斯所說，關閉了這個會把流浪漢當同胞的系統，就不會有不愉快的壓力，不覺得沒施捨錢會良心不安。換句話說，這些流浪漢已經去人性化，我們的腦認為他們比較不像人類，而比較像物品。因此大家較不花心思對待他們，也並不令人意外。如同哈里斯的解釋：「如果你沒有真

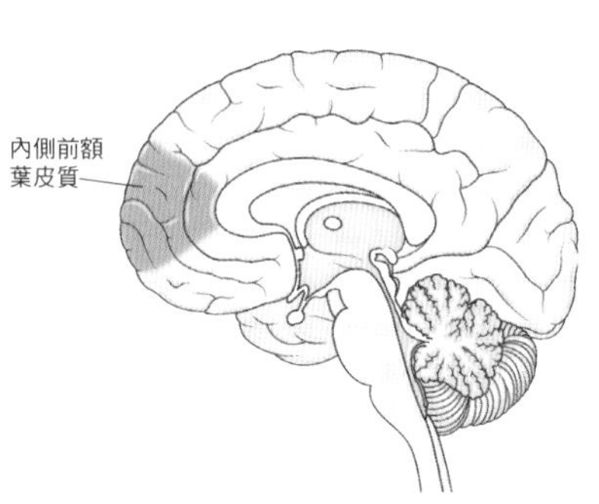


▲ 內側前額葉皮質牽涉到考慮其他人，起碼是大部分其他人。

正把人視為人，那麼保留給人的道德準則就發揮不出來。」

去人性化是種族屠殺的關鍵因素。如同納粹把猶太人視為比人類低等的東西，前南斯拉夫的塞爾維亞人也這樣看待穆斯林。

我在塞拉耶佛時沿街漫步。在戰時，這條街變成「狙擊手之巷」，因為那時步槍射手潛伏在周遭的山丘或兩旁的建築物中射殺平民百姓，不分男女或孩童。這條街變成最有力的象徵，提醒我們戰爭的恐怖。原本尋常的街道，如何變成殺戮戰場？

好幾世紀以來，戰爭都是透過有效的操縱神經方式：宣傳鼓動，來火上加油，當然也包括這場戰爭。南斯拉夫內戰期間，主要的新聞網是塞爾維亞廣播電視公司，由於受到塞爾維亞政府的控制，電視臺總是播送扭曲的新聞故事充當事實。新聞網捏造報導聲稱，波士尼亞穆斯林和克羅埃西亞人發動種族攻擊，傷害塞爾維亞人。他們一直妖魔化波士尼亞人和克羅埃西亞人，並且用負面語言描述穆斯林。最奇怪的例子是，新聞網的廣播放送一則空穴來風的故事，說穆斯林把塞爾維亞兒童丟去餵塞拉耶佛動物園裡飢餓的獅子。

只有發生大規模的去人性化事件，才可能出現種族屠殺，要完成這項任務的最佳方式就是透過宣傳，宣傳可以直接瞄準體諒他人的神經網路，減少我們對其他人的同理心。

我們已經看到，腦可以受到政治意圖操縱，而將其他人去人性化，引發人類行動的最黑暗面。但是，我們可能為腦設計程式來預防這種情形嗎？在1960年代的實驗中，出現一種可能的解決方法，然而這項實驗不是在科學實驗室裡進行的，而是在學校中。

那是1968年，就在人權領袖金恩遭暗殺的隔天。愛荷華州的小鎮教師艾略特（Jane Elliott），決定讓學生知道偏見是怎麼回事。艾略特問班上學生，是否知道被人用膚色評斷是什麼感覺。大部分學生都認為知道。但是她不十分有把握，於是展開日後注定馳名的實驗。她宣布，藍色眼睛的人「在這間教室中是比較優越的人」。

**艾略特：棕色眼睛的人不可以使用飲水機，必須用紙杯。你們這些棕色眼睛的人不可以在操場和藍色眼睛的人一起玩，因為你們不像藍色眼睛的人那樣優秀。今天棕色眼睛的人在這間教室裡要戴領圈，這才能在一段距離外就分辨出你們眼睛的顏色。翻到第127頁……每個人都翻好了**

嗎？每個人都翻到了，除了蘿莉。蘿莉，你好了沒？

學　童：她的眼睛是棕色的。

艾略特：她的眼睛是棕色的。你們今天會注意到，我們要花很多時間在等棕色眼睛的人。

一段時間後，艾略特找不到她的尺，有兩個男孩突然開口說話，向她指出尺在哪裡，雷蒙幫忙提議：「嘿，艾略特老師，妳最好把尺放在桌上，要是棕色眼睛的人……棕色眼睛的人不聽話。」

我最近跟那兩位男孩一起坐下來聊聊，他們現在已經長大成人了。這兩人的眼睛都是藍色的，他們是柯札克（Rex Kozak）和韓森（Ray Hansen）。我問他們是否記得自己在那一天的行為。韓森說：「我對我的朋友壞透了。我為了提升自己的地位，千方百計找棕色眼睛朋友的麻煩。」他回想起，那時他有一頭耀眼的金髮，還有一雙湛藍的眼睛，「我完全就是一副小納粹的模樣。想盡辦法欺負朋友，他們幾分鐘或幾小時前還跟我很要好。」

第二天，艾略特把實驗反過來。她對班上學生宣布：

棕色眼睛的人可以拿下領圈，你們可以把領圈圍在藍色眼睛同學的脖子上。棕色眼睛的人下課時間可以多五分鐘。藍色眼睛的人無論在什麼時候，都不准玩操場的遊樂設施。你們這些藍色眼睛的人，不可以跟棕色眼睛的人一起玩。棕色眼睛的人比藍色眼睛

**的人優秀。**

柯札克描述反過來之後的情景：「那奪走了你的世界，並把它砸個粉碎，彷彿先前未粉碎的世界不曾存在一樣。」韓森分到比較低下的藍眼組時，體驗到深刻的失落感，不論是關於人格或自己，他覺得一切幾乎停止運轉。

我們學到身為人最重要的事情之一，是觀點取替。小孩通常不會從課堂上學到這種意義。當一個人突然需要設身處地理解別人立場時，就會開啟新的認知路徑。經過艾略特老師課堂上的練習之後，柯札克對於種族主義者的言論更加警惕，他記得告訴過父親：「那不恰當。」柯札克深切記得那瞬間，心中感到更加堅定，知道自己整個人已經開始改變。

「藍色眼睛／棕色眼睛」練習的高明之處在於，艾略特讓不同群體輪流居上位。這讓孩童能吸取更重要的教訓：統治體系可能是專制武斷的。孩子學到，這個世界的真理並非固定不變，而且那些真理不一定是真理。這項練習使孩子能看透政治意圖中的煙幕和假象，進而形成自己的意見，這當然是我們希望每個孩子都應具備的技能。

教育在預防種族屠殺的發生上，扮演關鍵的角色。唯有理解造成內團體和外團體之分的神經驅力，以及宣傳用來操縱這種驅力的標準伎倆，我們才有望打斷去人性化的路徑，避免大規模暴行。

在這個數位超連結時代，了解人類之間的鏈結無比重要。基本上，人腦的線路是設計來互動的，我們是了不起的社會性物種。雖然我們的社會驅力有時會受到操縱，但它們仍穩坐人類成功故事的核心。

你或許認定皮膚這道邊界就是你這個人的盡頭，但是有一種見解認為，你的盡頭和周遭世界的起點是無法區分的。你的神經元和地球上每一個人的神經元互相影響，形成一個巨大、多變的超生物體。我們界定的你，只是在更大網路中的一個網路。如果我們想要追求人類這個物種的光明未來，需要持續研究在風險或機會方面，人類的腦彼此之間如何交互作用。因為我們逃避不了蝕刻在大腦線路中的事實，那就是：我們需要彼此。

# 第6章
# 將來，我們會變成怎樣？

人體是複雜、美妙的傑作，
是由四十兆個細胞同心協力演奏出來的交響曲。
然而，人體有其限制。
你的體驗為感官所囿，你的行動為身體所拘。
但是，如果腦子能理解新型的輸入資訊，
而且能夠控制新型的四肢，
讓我們所處的現實變得更寬廣，那會是什麼情景？
我們正在人類歷史上的重要時刻，
我們的生物學與我們的科技結合起來，
將超越人腦的極限。
我們能夠駭入自己的硬體，
主導通往未來的航向。
身為人類的意義，勢必從根本上發生轉變。

過去十萬年以來，我們這個物種經歷了一段漫長旅程：從原始的狩獵採集者，靠著殘肉剩屑生存，變成主宰這顆行星的物種，彼此緊密相連，並且可以明確決定自己的命運。今天我們享受到的日常經驗，是我們的祖先想都沒想過的。

如果我們想要的話，已經可以淨化河水，導入設備齊全的住所。我們手持跟小塊岩石一樣大的裝置，那裡頭卻裝著整個世界的知識。我們經常可以看到從太空望向雲端的畫面，或是看到我們地球家園的曲面。只需要80毫秒的時間，我們就可以傳送訊息給地球另一端的人；我們可以上傳檔案到飄浮在太空中的國際太空站，傳輸速率高達每秒60百萬位元。即使只是開車去上班，我們慣常的移動速度，也快過生物界的偉大傑作，例如獵豹。

我們這個物種所建立的輝煌成就，全要歸功於存在於頭顱中，那團重1.4公斤物質的特性。

人腦究竟有什麼特別之處，讓這趟旅程得以實現？如果我們可以了解人類成就背後的祕密，那麼或許我們能夠以謹慎、堅定的方式，引導人腦的力量，開啟人類歷史新的一頁。在接下來的一千年，等著我們的是什麼？在遙遠的未來，人類會變成什麼模樣？

## 靈活的計算裝置

要理解我們的成功，以及我們未來的機會，祕訣在於了解腦的可塑性。如同我們在第2章看到的，這種特質使得我們能夠置身各種環境，注意到我們生存所需的當地細節，包括當地的語言、環境壓力或文化要求。

腦的可塑性也是我們進入未來的關鍵，因為這提供我們修改自身硬體的機會。讓我們從了解腦這種計算裝置有多靈活開始。現在來看看一位小女孩的情形，她叫做莫特（Cameron Mott），從四歲起開始有劇烈的癲癇發作。莫特的癲癇非常嚴重，她會突然倒地不起，因此需要一直戴著安全帽。沒多久，她就診斷出罹患一種會讓人持續衰退的罕見疾病，稱為拉斯穆森腦炎（Rasmussen's Encephalitis）。她的神經科醫師知道，這類型的癲癇症會導致麻痺無力，最終死亡，於是醫師建議一種極端的手術。2007年，在歷時將近12小時的手術中，一組神經外科醫師團隊切除了莫特一側的腦半球。

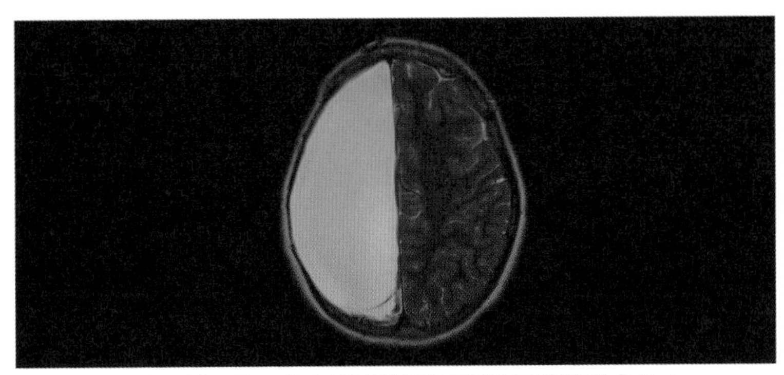

▲ 莫特的腦部掃描影像，空白區域就是整個腦半球遭切除的地方。

移除一側的腦半球會對她造成什麼長期影響嗎？事實顯示，後果出乎意料的輕微。莫特一側身體的表現稍微弱一點，但是大致上看起來和班上的小朋友無異。她在理解語言、音樂、數學和故事等方面都沒有問題，在學校表現得很好，還參加好幾項運動。

這怎麼可能呢？並非莫特不需要那半邊腦，而是剩下的半邊腦隨機應變，重新布線，接管那些被切除的功能，基本上現在所有功能的運作都由半邊腦執行。莫特的復原凸顯出腦的非凡能力：它能夠替自己重新布線，適應新的輸入資訊、輸出資訊及手上的任務。

這種方式非常關鍵，是人腦與電腦硬體的重大差異。腦是一種「活體」（liveware），可以重新配置自己的線路。雖然成人的腦不像孩童的腦那麼有彈性，但仍保有驚人的適應和改變能力。就像我們在前幾章看過，每一次我們學習新的事物，不論是倫敦地圖或疊杯能力，腦都會改變自己。正是腦的這項特性——可塑性，使得我們的科技和我們的生物學知識可以有新穎的結合方式。

## 插入周邊裝置

我們愈來愈擅長把機械直接置入人體。你或許沒有注意到，但目前已經有成千上萬人戴著人工耳和人工眼四處走動。

有一種稱為耳蝸植入器的人工耳裝置，以外部麥克風把聲音訊號數位化，提供給聽神經。同樣的，視網膜植入器則是利用攝影機把接收到的訊息數位化，傳送給插入眼球後方視神經的電極柵。這些裝置已經讓世界各地的一些聽障者和視障者恢復感覺能力。

在過去，大家並不完全確定這樣的方式能夠奏效。這些技術最早出現的時候，許多研究人員心存懷疑，由於腦的線路如此精確且特殊，沒有人確定金屬電極和生物細胞能夠進行有意義的對話。腦能夠理解原始的非生物訊息嗎？還是會被搞糊塗？

結果，腦學會了詮釋這些訊號。對腦來說，習慣這些植入裝置，有點類似學習新語言。起初，外來的電子訊號難以理解，然而神經網路終究可以從這些傳入的資料擷取出模式。雖然這些輸入訊息很原始且粗糙，但是腦會想辦法理解其中的意義。腦追尋這些訊息中的模式，並與其他感覺交互對照。如果在傳入的資料中發現某種結構，腦會把它揪出來，幾個星期之後，這些資訊開始具有意義。即使這些植入裝置提供的訊息與天然感官的訊息些微不同，但是腦會琢磨出方法，把自己能夠取得的資訊湊合著用。

## 隨插即用：超越現有感官的未來

腦的可塑性使得新型輸入資訊可以獲得詮釋，這又能夠

# 人工耳和人工眼

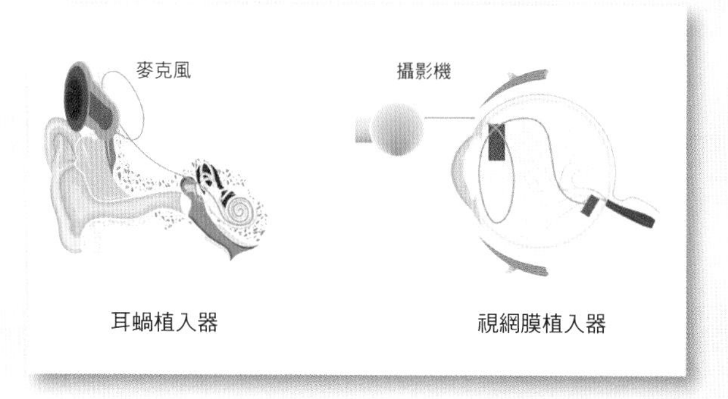


在生物學上，如果耳朵出了問題，耳蝸植入器可以繞開出問題的地方，把聽覺訊號直接輸入未受損的聽神經，聽神經是腦用來把電脈衝傳給聽覺皮質解碼的數據纜線。耳蝸植入器是一種人工耳，可以接受外面世界的聲音，用16個微小電極把聲音傳到聽神經。接受植入的人不會立刻體驗到聲音，必須先學習怎麼詮釋這些傳送到腦中，如同外國方言的訊號。科技作家克洛斯特（Michael Chorost）接受了人工耳蝸植入手術，他形容自己的經驗：

「手術後一個月啟動裝置時，我聽到的第一句話像是『Zzzzzz szz szvizzz ur brfzzzzzz ？』我的腦慢慢學會如何詮釋這些奇異的訊號。不久以後，『Zzzzzz szz szvizzz ur brfzzzzzz ？』變成『What did you have for breakfast?』（你早餐吃了什麼？）。經過幾個月的練習，我終於能夠再度打電話，甚至可以在吵雜的酒吧和自助餐廳和別人交談。」

視網膜植入器是一種人工眼，運作的原理也很類似。視網膜植入器的微小電極取代光受體層的正常功能，把自己製造出來具有電活性的訊號傳送出去。這些植入器適用的眼睛疾病，大多是眼球後方的光受體正逐漸退化，不過視神經細胞仍然健康。即使植入器傳出來的訊號，並非恰好是視覺系統習慣的那類，但是下游處理過程仍然能夠學會從中擷取視覺所需的資訊。

開啟什麼樣的感官可能性？

我們來到這個世界時，帶著一套標準的基本感覺能力：聽覺、觸覺、視覺、嗅覺和味覺，還有涉及平衡、振動、溫度的其他感覺。我們擁有的感測器，是接收環境訊號的入口。

然而，如同我們在第1章看過的，這些感覺只能夠讓我們體驗到周遭世界的一小部分。如果我們沒有相應的感測器去接收，則資訊來源對我們來說就是無形的。

我認為，我們的感覺入口如同隨插即用的周邊裝置。關鍵在於，腦既不清楚也不在意資料來自何處。不管是什麼樣的資訊進來，腦一律會努力想出處理的方法。在這樣的架構下，我認為腦是一種通用計算裝置，無論給什麼資訊，它都會處理。這種概念是說，大自然只需要花一次功夫來發明腦的運作原理，接下來就能騰出空來，設計新型的輸入管道，進一步強化。

最終結果是，我們熟知且喜愛的這些感測器，只是可以換來換去的裝置。把這些感測器插上去，腦便能開始工作。在這種架構下，演化不需要一直重新設計腦，只要設計新的周邊裝置就好，腦自然會想出使用方法。

環視動物界，你會發現動物腦使用的周邊感測器，款式多到令人難以置信。蛇有熱感測器；線鰭電鰻有電感測器，可以感受周遭電場的變化；牛和鳥身上擁有跟磁鐵礦一樣的成分，使牠們能夠根據地球磁場確定方向。動物可以看到紫外線照射下的影像，象能夠聽到遙遠距離以外的聲音，而狗兒體驗到的現實充滿了各種氣味。天擇的嚴苛考驗導致終極版的駭客空間，這些只是基因找出如何把資料從外在世界輸送到內在世界的部分方法。結果是，演化創造出一種腦，這種腦能夠感受不同部分的現實。

我想要強調的重點是，我們習以為常的感測器，可能沒有特別或基礎之處。在演化限制下所交織出來的複雜歷史中，那些感測器只是遺產，我們並沒有與它們緊緊糾纏。

對於這種想法，我們的主要原理驗證來自「感官替代」的概念，意味把感覺資訊透過非平常所用的感覺管道來輸入，例如把視覺資訊從觸覺管道輸入。腦並不在乎這些資料是怎麼找到路進來的，它會想出方法來處理這些資訊。

感官替代或許聽起來像科幻小說，但事實上是已經確立的概念。最早的論證在1969年發表於《自然》期刊。在那篇報告中，神經科學家巴克伊瑞塔（Paul Bach-y-Rita）證明，失明的研究對象可以學習「看」東西，雖然視覺資訊是以不尋常的方式輸入。

實驗中，失明者坐在經過改造的牙科椅上，影像從攝影機傳入，轉換成椅背上活動式小插棒的凸起圖樣，刺激他們的下背部。換句話說，如果你把圓形物體放在攝影機前，椅背上的小插棒就會凸出一個圓，讓參與者的背部感覺到圓形圖樣。讓臉孔出現在攝影機前，參與者的背部會感覺到臉孔。神奇的是，失明者漸漸可以知道這些東西是什麼，也能夠體驗到正在靠近的物體變得愈來愈大的感覺。他們開始能夠透過背部看東西，至少從某些意義上可以這麼說。

這是感官替代的首例，後來有許多人跟著投入。這種實驗方式到了現代，包括了把影像變成聲音串流、前額上的系列微小振動，或者舌頭上的微小電極。

以舌頭為例，這項技術利用一個如郵票般大小，稱為「腦埠」（BrainPort）的裝置，運作方式是透過放在舌上的一小片電極柵，將微小電擊傳到舌頭。失明的研究對象戴著附有小型攝影機的墨鏡，攝影機的像素會轉換成電脈衝傳到舌頭上，舌頭會感覺到像碳酸飲料氣泡引起的微微刺激。盲人

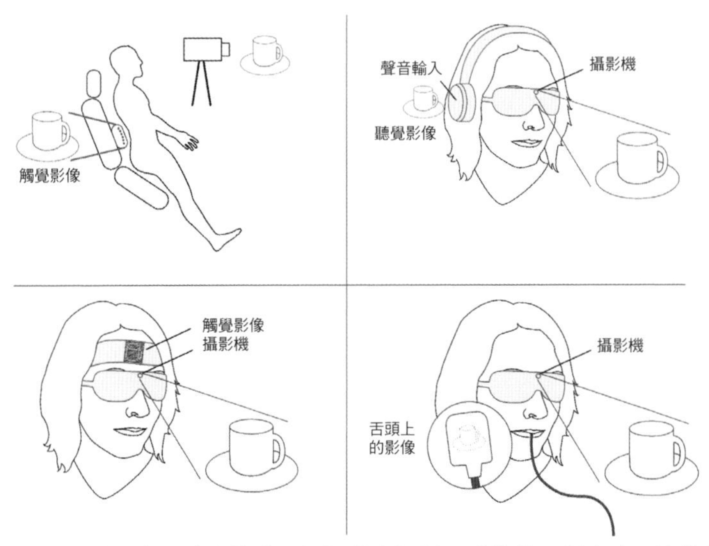


▲ 透過異於尋常的感覺管道，把視覺資訊送入腦袋的四種方法，這些特殊管道包括：下背部、耳朵、前額和舌頭。

可能變得很會使用腦埠，拿來通過障礙練習場或把球投進籃框。魏恩梅爾（Erik Weihenmayer）是視障運動員，他利用腦埠進行攀岩，從舌頭感覺到的圖樣來判斷峭壁和岩縫的位置。

如果你覺得透過舌頭來「看」東西，聽起來很瘋狂，只要記住，「以眼視物」不過就是電訊號流進黑漆漆頭顱內的過程。正常情況下是透過視神經，但沒有理由說這些資訊不能改從其他神經流進來。如同感官替代所展現的，不管進來的是什麼樣的資料，腦都會接受，並且努力想辦法處理。

我的實驗室裡有一項計畫，是建立一個平臺來實現感官替代。我們特別打造一種穿戴式科技裝置，稱為「可變超感官轉換器」（Variable Extra-Sensory Transducer），通常簡稱為「背心」（VEST）。這種背心可以穿在衣服裡面，不會引人側目，背心上有很多小振動馬達。這些馬達會把資料流變成遍布軀幹的動態振動模式。我們利用背心使聽障者能夠有聽覺。

天生聽障者使用背心大約5天之後，能夠正確辨識別人說出來的字詞。雖然這些實驗仍處於早期階段，我們期望使用者在穿戴這種背心幾個月後，會發展出直接獲得知覺經驗的能力，而這類知覺經驗本質上等同聽覺。

透過軀幹感受到的動態振動模式，讓人可以聽見聲音，這看起來可能很奇怪。但就像具有特殊椅背的牙科椅或舌頭上的電極柵，祕訣在於：腦只要能夠獲得資訊就行了，它並不在意是用什麼方法獲得的。

## 擴大感覺

感官替代是避開故障的感覺系統的絕佳方法，但是除了替代用途之外，如果能夠利用這項科技來擴展我們的感官清單，會是怎樣的情形？針對這一點，我和學生目前正在把新的感覺加到人類技能項目中，希望可以擴展我們對這個世界的經驗。

想想這種情形：網路上正有億兆位元的有趣資料川流不息，但是我們目前只有盯著手機或電腦螢幕，才能存取這些資訊。如果這些即時資料能夠流入你的身體，變成你對這個世界的直接經驗，那會怎麼樣呢？換句話說，如果你能感覺資料，又會怎樣？這些可能是天氣資料、證券交易所數據、推特訊息、飛機駕駛艙的資訊，或是關於工廠狀態的資料，全都編碼為振動的形式，成為腦正在學習理解的新語言。在你進行日常工作的同時，能夠直接感知到一百多公里外的某地是否正在下雨，或者明天是否會下雪。或許你能夠培養出感受股市走勢的直覺，在潛意識中辨別出全球經濟的活動。或許你能感覺到推特圈的趨勢，而且以這種方式與人類這個物種的整體意識匯集。

雖然聽起來像科幻小說，但是我們距離這樣的未來並不遙遠，全歸功於腦擷取模式的才華，即使我們沒有嘗試去擷

# 神奇的背心：VEST

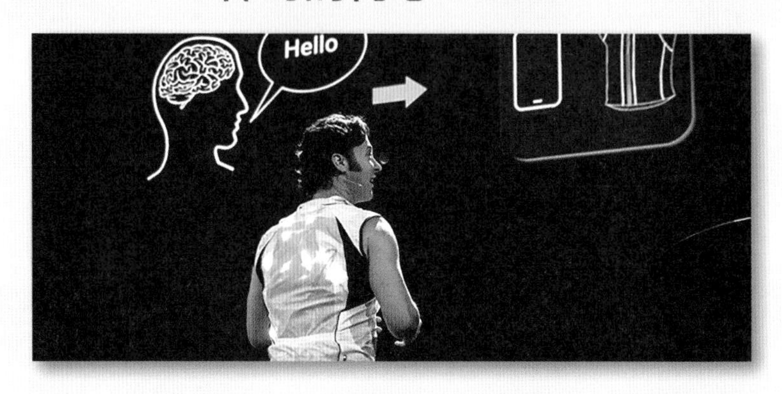


為了讓聽障者可以運用感官替代科技，我的研究生諾維奇（Scott Novich）和我一起打造「背心」。這種穿戴式科技可以捕捉周遭環境的聲音，然後標定在背心的許多小振動馬達上，刺激穿戴者的軀幹。馬達活化的模式以聲音頻率為依據。利用這種方式，可以把聲音轉變成動態的振動模式。

起初，這些振動訊號似乎沒什麼意義。但是經過足夠的練習，腦就知道該如何處理這些資料。聽障者能夠把軀幹上的複雜振動模式翻譯成口語的意思。在你覺察不到的情況下，腦想出如何解開這些模式，就類似視障者能夠毫不費力的閱讀點字。

這種背心很有可能成為改變聽障者社群的工具。與耳蝸植入器不同的是，背心不需要進行侵入式手術。而且背心的價格是耳蝸植入器的二十分之一，因此這種解決方式可以推廣到全球。

對於這種背心，我們有更大的願景：除了聲音之外，背心還可以充當其他流動資訊的平臺，讓這些資訊找到方法進入腦中。

若想觀看背心如何作用的影片，請連上網站eagleman.com。

取。這種技巧讓我們能夠吸收複雜資料，並且把資料併入我們對於世界的感覺經驗中。吸收新資料流這件事會在不知不覺中變得毫不費力，如同你閱讀這一頁的情形。然而和閱讀不同，感官加成會變成接收世界新資訊的一種方法，而且不需要我們有意識的去注意它。

此刻，我們不知道腦能夠接納的資料種類有何極限（如果真有極限的話）。但是顯然我們再也不屬於必須在演化尺度的漫長時間中，等待感官適應的自然物種。在我們邁向未來的時候，我們將愈來愈常設計自己通向世界的感官入口。我們會配置好自己的線路，進入感官擴張後的現實。

## 讓身體升級

我們如何感受這個世界，只是故事的一半。剩下的另一半，則是我們如何跟世界互動。運用我們開始改造感官本質的方式，人腦的彈性能夠改變我們探尋、摸索這個世界的方式嗎？

來見見舒爾曼（Jan Scheuermann）。由於舒爾曼罹患了一種稱為脊髓小腦失調症的罕見遺傳疾病，連接腦和肌肉的脊髓神經已經退化。她能夠感覺到自己的身體，卻無法移動身體。如同她所描述：「我的腦正在對手臂說：『抬起來。』但是手臂說：『我聽不見你在說什麼。』」她全身癱瘓，因而成為匹茲堡大學醫學院合適的研究對象。

那裡的研究人員在她的左運動皮質植入兩片電極，運動皮質是腦訊號沿著脊髓往下控制手臂細胞之前所待的最後一站。她皮質中的電子風暴現在由電腦監測、翻譯，解析出意圖，再把輸出訊號用來控制全世界最先進的機械手臂。

如果舒爾曼想要移動機器手臂，只要想著移動它就行。舒爾曼在指揮手臂移動時，往往用第三人稱的方式對它說：「上來。下去，往下，再往下。往右。然後握起來。放開。」機器手臂跟著提示進行動作。雖然她大聲說出指令，但其實沒有必要。她的腦和機器手臂之間有實質的線路直接相連。舒爾曼說自己的腦沒有忘記如何移動手臂，即使已經有十年的時間未曾移動手臂了。「這就像騎腳踏車，」她這麼說。

▲ 舒爾曼腦中的電訊號經過解碼，讓仿生手臂能遵照指令。透過她的念頭，仿生手臂能夠正確的伸出去，手指可以流暢的彎曲或伸直，手腕能夠轉動和屈曲。

舒爾曼的成就指向一種未來，在那樣的未來中，我們使用科技來提升與擴展人類的身體，不只是取代四肢或器官，而是讓四肢和器官變得更好：將它們從脆弱的人體部位，提升為更堅固耐用的構造。她的機器手臂只是第一個跡象，預示仿生時代即將來臨，屆時我們將能夠控制更強固、更持久的配備，勝過與生俱來的皮膚、肌肉及易斷的骨頭。此外，那還為太空旅行帶來了新的可能性，以太空旅行來說，我們嬌貴的身體可說是不良配備。

除了取代四肢，先進的腦機介面科技開啟更神奇的可能性。想像讓自己的身體延伸到某種還不明確的東西。讓我們從這類想法開始：如果你可以使用腦訊號來遙控房間另一頭的機器，情況會是如何？設想你在回覆電子郵件的同時，一邊運用運動皮質指揮能夠接受意念控制的吸塵器。乍看之下，這種概念似乎不可行，但是請牢記，腦很擅長在背景執行任務，而且在意識頻寬方面需要的不多。只要試想，這如同你在開車的同時可以和乘客聊天，還能一邊轉動收音機鈕，依然輕鬆自如。

如果有合適的腦機介面及無線科技，我們沒有理由不能用意念遙控大型機具，例如起重機或堆高機，方式就如同你心不在焉的用小鏟子挖東西或彈吉他。你還可以透過感覺回饋，提升做好這些事情的能力，這些回饋可以經由視覺的方式（你看見這些機器如何移動），或甚至把資料傳回體感覺皮質（你感覺到機器如何移動）。控制這樣的機器肢體需要練習，而且一開始會有些笨拙，就像嬰兒學會控制自己的手腳之前，會有幾個月的時間胡亂揮舞手腳。一段時間過後，這些機器實際上會變成你額外的四肢，很可能是特別堅固、以液壓或其他方式控制的肢體。感覺它們的方式，會變得跟手腳現在帶給你的體驗一樣。它們會變成我們另外的肢體，簡直就是我們延伸出來的部位。

我們不知道理論上腦能夠學習接納的訊號，極限為何。如同我們所希望的，或許這些訊號可能適用於各種肉身，可以跟世界有各種互動。你延伸出來的部位，沒有理由不能處理地球另一頭的任務，也沒有道理無法讓你一邊在地球享用三明治，一邊開採月球上的礦石。

我們與生俱來的身體，不過是人類的起點。在遙遠的未來，我們不只可以延伸身體，基本上還能延伸自我感。當我們獲得新型感官體驗，而且能控制新型身體，那將深刻改變我們身為個人的意義，因為「我們如何感覺」、「我們如何思考」、「我們是誰」有賴肉體奠定的基礎。我們的感覺和身體一旦超過常規限制，我們將變成不同的人。我們的曾曾曾孫子女可能需要花費一番力氣，才能理解我們現在的模樣，以及我們重視的事物。在人類歷史中的這一刻，我們可能更接近石器時代的祖先，而與不遠未來的後代有更大差異。

## 延長生命

我們已經開始擴展人類身體，但不論我們能夠自我提升到何種地步，總會遇到難以避免的障礙：我們的腦和身體是由血肉組成的，終究會損壞、死亡。總有那麼一個時刻，你全部的神經活動都將停擺，於是意識狀態下的輝煌經驗來到終點。你認識誰，或者你做什麼，並不重要，這就是我們每一個人命中注定的結局。事實上，這是所有生命的結局，但是只有人類有獨特的先見之明，知道這樣的結局並忍受下來。

不過，並非每個人都願意忍受，有些人選擇反擊死亡幽靈。散布各地的研究人員，有志一同的對以下想法感興趣：如果我們更了解人類的生物學，就可能解決人終究會死的問題。要是未來我們不一定會死，那會怎麼樣呢？

當我的良師益友克里克火化的時候，我思索了一會兒，想到他的神經物質這樣付之一炬，是多麼可惜！那顆腦中包含這位二十世紀生物學界重量級人物的全部知識、智慧和才華。他生命中的所有檔案，諸如記憶、洞察力、幽默感，都儲存在他腦中的實質結構裡，只因為他的心臟停止跳動，大家就願意拋棄這個硬體。這讓我想知道，他腦裡的資訊能夠用某種方式保存下來嗎？如果腦保存下來，一個人曾經有過的思想、覺察和個人特質，能夠再度活過來嗎？

過去五十年以來，奧爾科生命延長基金會（Alcor Life

Extension Foundation）一直致力於發展一項技術，他們相信，該技術將使活在當今的人，能在日後享受第二個生命週期。這家機構目前儲存了148位客戶的全身或神經系統，以超低溫冷凍的方式來避免腐敗。

這樣的冷凍保存程序如下：首先，有興趣的人跟基金會簽署人壽保單。然後，一旦當事人經法律宣告死亡，奧爾科會收到通知，當地的工作小組隨即進駐，負責處理遺體。

工作小組立即把遺體移入冰槽。在一項稱為冷凍保護劑灌流的程序中，把十六種化學藥物灌入當事人的循環系統中，保護細胞在身體冷凍時不遭到破壞。接著，遺體會盡可能火速送往奧爾科的手術室，進行整個程序的最後階段。電腦控制的扇葉讓極低溫的氮氣循環，藉此使遺體降溫。目標是把整個遺體盡快冷卻到−124°C，避免形成冰晶。這個過程需要三小時，最後遺體會變得「玻璃化」，也就是到達穩定的無冰狀態。之後的兩星期內，遺體會更進一步冷卻到−196°C。

並非所有客戶都選擇全身冷凍，還有一個比較便宜的選項：只保存頭顱。把頭部與身體分離開來的過程，在外科手術檯上進行，在那裡把血液和組織液沖出來，再用可以固定組織的液體取代，就如同保存全身的客戶一樣。

整個流程的最後，客戶被放入巨大的不鏽鋼圓桶，沉降到底部，這種圓桶稱為杜瓦瓶，裡面裝著超低溫的液態氮。他們會在這裡待上一段很長的時間，目前地球上沒有人知道

# 「法律死亡」與「生物學死亡」

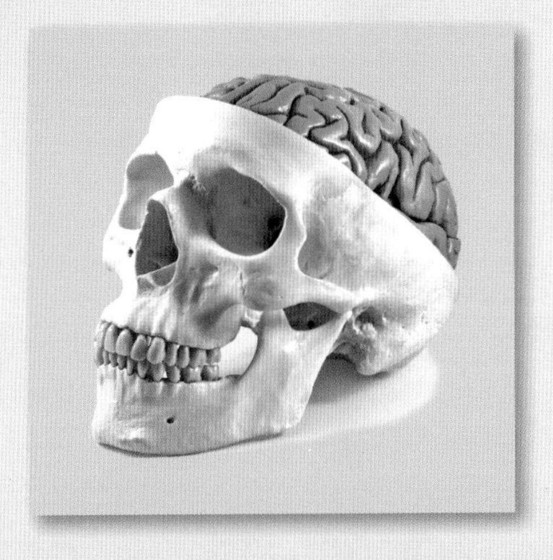

當一個人的腦在臨床上判定死亡，或者身體發生呼吸和循環系統的不可逆終止，就可以宣告為法律死亡。若要宣告腦死，必須是涉及高階功能的大腦皮質停止所有活動的情況，才可以判定腦死。

腦死之後，仍可以依賴醫療措施維持生命功能，留待器官捐贈或遺體捐贈，這種情況對於奧爾科來說非常重要。從另一方面來說，此時若沒有醫療措施介入，就變成生物學死亡，也就是會發生包括器官和腦在內的全身細胞死亡，這表示器官不再適合捐贈。如果沒有血液循環帶來的氧氣，身體的細胞會很快死亡。為了讓身體和腦維持在最小程度的衰退狀態，必須盡快阻止細胞死亡，或至少讓細胞死亡的速度減慢。此外，在降溫過程，首要事項是避免冰晶的形成，因為冰晶會破壞細胞的精緻結構。

如何讓這些冷凍居民解凍、重新動起來。但那不是重點。這項技術的希望是，將來有一天會出現某種科技，能夠小心解凍這群人，使他們甦醒過來。假定遙遠未來的文明將會掌握某種科技，讓殘害這些身軀致使生命暫停的疾病，得到醫治。

奧爾科的會員明白，那種拯救他們復活的科技可能永遠不會出現。每一位住在奧爾科杜瓦瓶中的人仍然願意為信念捨身，期望並夢想有一天那種科技會冒出來，讓他們解凍、復甦，有機會獲得第二人生。這場冒險的賭注，押在未來將發展出必要科技上。

我跟這個社群的一位會員談過話（當時機來臨，他也會進入杜瓦瓶），他承認整個概念是一場賭博。但是他指出，

▲ 每個杜瓦瓶可以儲存四具遺體，以及最多五顆頭顱，全保存在－196˚C中。

至少這給他騙過死神的一絲機會，即使機會很小，但總比沒有好，而且他成功的可能性勝過我們其他人。

經營這間機構的莫爾（Max Mor）博士不用「長生不死」（immortality）這個字眼，他說，奧爾科要提供大家第二人生的機會，那個人生可能長達上千年或更久。在那個時刻來臨之前，奧爾科是他們的最後休息地。

## 數位不朽

並不是每一位渴望延長生命的人都喜歡冷凍保存。有些人選擇追隨另一條探尋路線：如果有其他方法可以取得儲存於腦中的資訊，那又會怎樣？這不是讓過世的人起死回生，而是找到方法直接把資料讀取出來。畢竟，腦的極精細結構包含全部知識和記憶，為什麼腦這本書不能被解譯出來？

如果要那樣做，讓我們看看需要什麼東西。首先，我們需要強大無比的電腦來儲存個別人腦中的詳細資料。幸運的是，電腦的計算能力呈現指數型成長，暗示許多深遠的可能性。過去二十年來，電腦計算能力已經增進超過一千倍。電腦晶片的處理能力大約每18個月就加倍，而且這種趨勢仍然會持續下去。現代科技讓我們可以儲存多到難以想像的資料，執行規模龐大的模擬。

由於電腦計算能力的發展前景大好，似乎很可能有一天，我們將能夠從人腦掃描出一份工作副本放到電腦上。理

▲ 在二十年前，今天這部超級電腦的威力相當於當時地球上所有電腦的總和。但在二十年後，這部電腦的能力將變成普通等級，和那種小型的穿戴式電腦差不多。

論上，沒有什麼因素可以排除這種可能性。然而，這項挑戰需要務實上的考量。

一顆典型的人腦大約有860億個神經元，每一個神經元大約有一萬個連結。神經元以特殊的方式連結，每一個人有其獨特的連結模式。你的經驗、你的記憶，使得你之所以為你的一切，都可以用腦細胞之間千兆連結的獨特模式來代表。這種模式龐大到難以全盤掌握，我們把它總稱為你的「連結體」。在一項充滿企圖心的嘗試中，普林斯頓大學的承現峻博士帶領小組一起研究，想要發掘連結體的精確細節。

由於這種系統如此精微複雜，要標繪出連結網路極其困難。承現峻運用連續電子顯微鏡技術，需要使用極端精準的

# 科技變化的速度

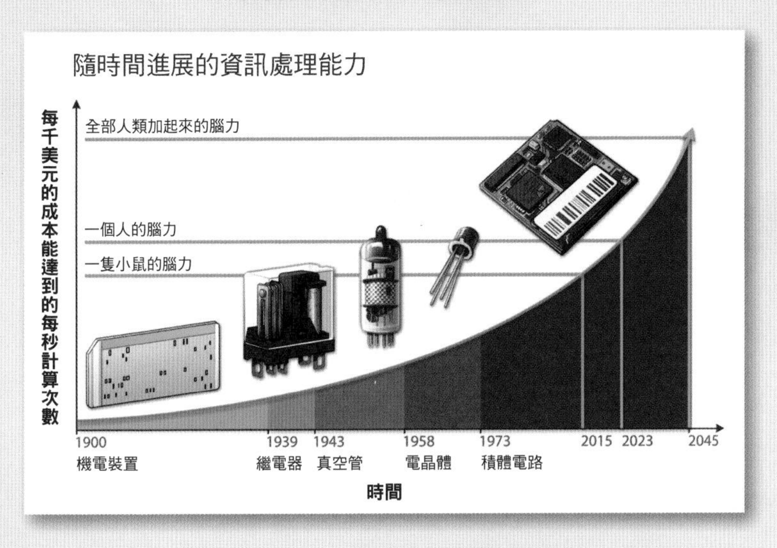


摩爾（Gordon Moore）是電腦巨人英特爾（Intel）的創辦人之一，他在1965年提出計算能力進步速率的預測，也就是「摩爾定律」。該定律預測電晶體會愈來愈小、愈來愈精確，因此能夠安裝到一塊電腦晶片上的電晶體數量，每兩年會增加一倍，長久下來使得計算能力呈現指數型成長。

摩爾的預測在接下來幾十年期間都很準確，而且已經變成科技變革呈指數型增長這種現象的簡略術語。電腦產業應用摩爾定律做為長期規劃的指導原則，也當作科技前進的目標。因為這項定律預測，科技進步會以指數型增長，而非線性增長，有些人預測以現今的速率，下一百年的進步會相當於過去兩萬年的發展。在這種步調之下可以預期，我們所依賴的科技將會有劇烈的進展。

刀片來製備腦組織的連續超薄切片（目前只用於小鼠的腦組織，還沒用在人腦上）。每一片切片先劃分成許多小區域，每一區再用超高性能的電子顯微鏡掃描。每一次掃描會產生一幅影像，稱為電子顯微鏡照片，可把一小部分的腦放大十萬倍。在這種解析度之下，科學家可能拼湊出腦的精細特徵。

一旦這些切片儲存到電腦中，更困難的工作才要開始。每次只針對一片超薄切片，把細胞的邊線描繪出來，慣例是用手動的方式，但是可以用電腦演算法來加強。這項技術讓影像一層一層堆疊起來，嘗試把個別細胞跨越許多切片的邊線連出全長，如此就能顯現出三維立體感。用這麼勞神費力的方法，模式終於浮現，顯現何者跟何者相連。

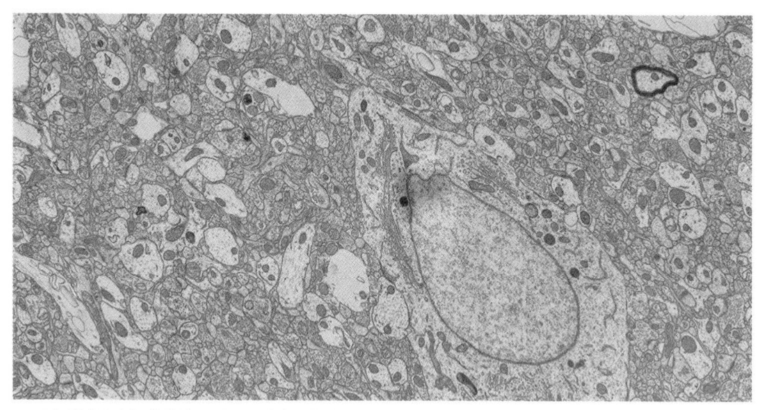

▲ 這是連結體的切片：這個驚人的二維影像是產生我們已知世界中，最複雜線路圖的第一步。小黑點是個別細胞裡的DNA；你看到的微小正圓形，是裝有神經傳遞物質的球狀囊泡。

下圖這團像義大利麵的連結，寬度只有十億分之幾公尺（十億分之一公尺就是1奈米），大小約有針尖般大。不難看出為何重建人腦所有連結的全貌，會是一件令人望而卻步的工作，而且是我們不會指望近期就能完成的工作。這件工作需要的資料量非常龐大，儲存單一顆人腦的高解析結構需要1皆位元組（ZettaByte，10億兆位元組）的容量。這個大小等同於目前地球上所有數位內容的總和。

讓我們置身於更遠的未來，想像如果我們能掃描你連結體的情形。那些資訊足以代表你嗎？你腦中全部線路的快

▲ 這小小一塊小鼠腦組織包含大約三百個連結（突觸）。這樣大小的一塊組織，相當於整顆小鼠腦的二十億分之一，大約是一顆人腦的五兆分之一。

照，實際上可能具有你的意識嗎？或許沒有。畢竟，以運作中的腦擁有的魔力來說，線路圖（顯示何者跟何者連結的圖）只占了其中的一半而已，另一半則是在這些連結之上進行的所有電活動和化學活動。思想、感覺和覺察的神奇力量，自腦細胞每一秒發生的千兆次交互作用中浮現，包括化學物質的釋放、蛋白質的變形、沿著神經元軸突行進的一波波電活動。

想想連結體有多麼繁複，然後把它乘以每個連結每秒鐘發生的眾多作用，你可以大概感覺到這個問題的規模。不幸的是，對我們來說，人腦還無法領會這種規模的系統。幸運的是，對我們來說，我們的計算能力正朝著正確方向前進，最終讓我們可能發展出這種系統的模擬。接下來的挑戰不只是讀出資料，還要能執行資料。

這樣的模擬，是瑞士洛桑聯邦理工學院的研究團隊正努力的方向。他們的目標是在2023年之前，發表一套包含軟體與硬體的基礎設施，能夠執行整個人腦的模擬。人腦計畫（Human Brain Project）這項研究任務深具企圖心，從全球各地的神經科學實驗室蒐集資料，包含個別細胞的資料（細胞的內含物與結構）、連結體資料，到各組神經元大規模活動模式的資訊。一次一項實驗雖然緩慢，但地球上的每一項新發現，都為這幅巨大拼圖湊出一小片。人腦計畫的目標是，完成的腦部模擬要運用到精細的神經元，不論結構或行為都要逼真。即使目標企圖心十足，加上來自歐盟超過十億歐元

# 連續電子顯微鏡技術和連結體

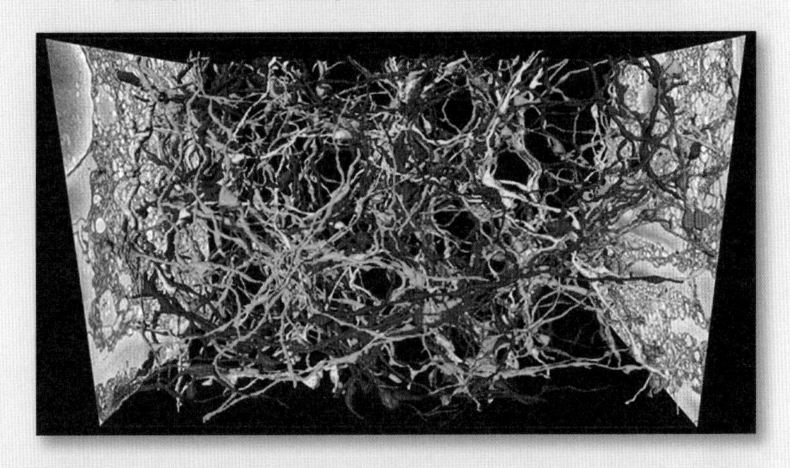

來自環境的訊號會轉譯成可由腦細胞傳送的電化學訊號。這是腦接收體外世界資訊的第一步。追蹤糾結成團的數十億相連神經元需要專門的技術，還需要全世界最鋒利的刀片。利用一種名為「連續塊面掃描電子顯微鏡」（serial block-face scanning electron microscopy）的技術，可以從腦組織切片產生完整神經路徑的高解析度3D模型。這是第一種可以做出奈米解析度的腦部3D影像的技術（1奈米等於十億分之一公尺）。

就像切片機一樣，掃描式電子顯微鏡的內部，會安裝一具非常精準的鑽石刀片，把一小塊腦組織，切成一片又一片；彷彿電影底片一樣，只是每一幕都是超薄的腦組織切片。每一片切片都會由電子顯微鏡掃描，掃描後的圖層會一層疊上一層，還原出這塊腦組織的高解析度三維立體模型。

經由追蹤各切片的特徵，縱橫交錯且互相纏繞神經元的糾結模型終於浮現。由於一般神經元的長度有四到一百奈米，而且有一萬個分枝，使得這項任務十分艱巨。繪製完整人類連結體圖譜的這項挑戰，預計需要花幾十年的時間才能完成。

▲ 人腦計畫：瑞士有一組大型研究團隊，正在編譯來自世界各地實驗室的資料，最終目標是建立整顆腦的可行模擬。

的經費，人腦模擬仍然遙不可及。該計畫當前的目標是建立大鼠的腦模擬。

我們努力想要描繪並模擬完整人腦，雖然仍在起步階段，但是理論上沒有任何理由能阻止我們達成目標。然而，這裡出現了一個關鍵問題：如果我們有效的模擬了腦，它會具有意識嗎？如果細節都記錄下來，而且正確模擬出來，我們會看到具有感覺和知覺的存在嗎？它會思考，而且覺察到自我嗎？

## 有肉身才有意識嗎？

就像電腦軟體可以在不同硬體上執行，心智軟體或許能以同樣方式在其他平臺執行。讓我們以這種方式思考上述

# 大鼠的腦

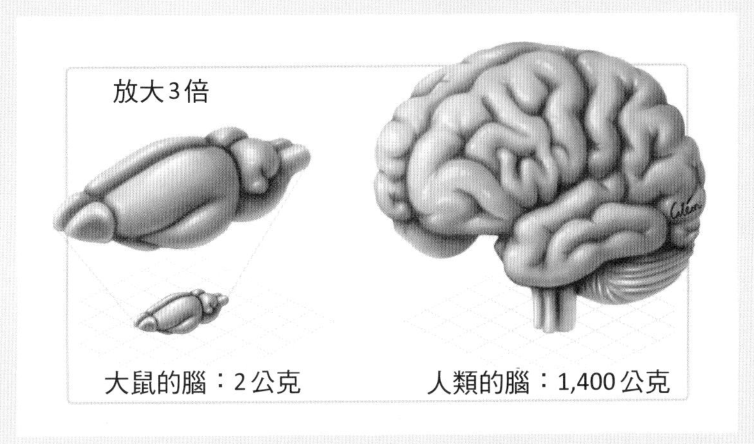


在人類歷史的大部分時間裡，大鼠的名聲非常糟糕，但是對現代神經科學來說，大鼠（和小鼠）在許多研究領域扮演關鍵角色。大鼠的腦比小鼠大，兩者都與人腦有重要的共同點，特別是大腦皮質的結構。大腦皮質是大腦的外層，對抽象思考很重要。

人腦的外層皮質具有許多皺褶，這是為了讓盡可能多的皮質可以塞進頭顱中。如果你把尋常成年人的皮質攤開來，面積有2,500平方公分（大約是一小塊桌布的大小）。相反的，大鼠的腦相當光滑。即使在外觀和大小上有如此明顯的差異，這兩種腦在細胞層次仍然有基本的相似之處。

在顯微鏡底下，我們幾乎不可能看出大鼠神經元和人類神經元的不同點。這兩種腦的布線方式大致相同，發育過程也一樣。大鼠經過訓練之後能夠執行認知任務，從分辨氣味到走出迷宮，這使得研究人員可以找出神經活動細節和特定任務之間的關係。

可能性：如果說生物的神經元本身沒有什麼特殊之處，也就是說，讓一個人成為獨特個人的理由，純粹肇因於神經元彼此溝通的方式，那又如何？這種觀點稱為腦的計算假說（computational hypothesis）。這種觀念認為，神經元、突觸及其他生物物質並非關鍵要素，而是恰好由那些生物物質執行的計算過程才要緊。或許腦的實質材料不重要，而是腦做的事才重要。

如果這種想法證實是對的，從理論上來說，你可以在任何基質上執行腦的功能。只要這些計算過程能夠朝正確的方向前進，那麼在新物質裡執行的複雜溝通，應該也會產生你

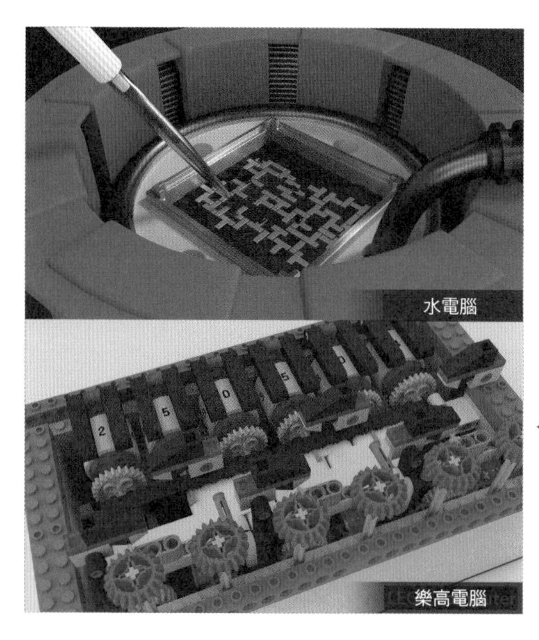


◀ 電腦裝置不一定要用矽製造，也可以用流動的水滴或樂高製造。重點不在於電腦是用什麼做的，而是其中的各部分如何交互作用。

的全部思想、情緒及複雜度。理論上，你或許可以把細胞換成線路，或者把氧氣換成電，介質不重要，只要所有的零散部分以正確方式連結並交互作用。這樣一來，我們可能不需要生物學上的腦，就能夠「執行」你的全功能模擬。根據計算假說，這樣的模擬實際上就是你。

腦的計算假說畢竟只是假說，我們尚且不知道是否能成立。畢竟，關於人腦，可能還有未發現的特殊之處，如果是那樣的話，我們無法擺脫與生俱來的生物構造。然而，如果計算假說是正確的，那麼心智就能存在於電腦中。

如果後來發現模擬心智是可行的，那又會產生另一個問題：我們必須仿效傳統生物學的方式才能進行嗎？還是我們可能從無到有，自行創造出形式截然不同的智慧？

## 人工智慧

人類嘗試創造會思考的機器已經有一段時間了，至少自1950年代起，這種研究路線就存在了。雖然帶頭的那些先驅非常興奮、樂觀，但後來問題變得出乎意外的艱難。雖然我們現在快要有能夠自動駕駛的汽車，即使電腦打敗西洋棋大師已有二十年之久，但真正具有感知能力的機器仍等著實現。在我小時候，我期望現今會出現機器人，可以與我們互動、照顧我們、跟我們進行有意義的對話。然而我們距離那種境界仍相當遙遠，這件事說明了腦部運作之謎有多麼深奧，我們想要破解大自然的祕密還有一段路要走。

在英國的普利茅斯大學，可以看到開發人工智慧的最新嘗試，也就是人形機器人iCub。科學家設計和建造iCub的理念是，希望它可以如同人類小孩一樣學習。習慣上，科學家會把機器人執行任務需要用到的程式預先寫入。但是如果機器人和人類嬰兒一樣，可以透過與世界互動、模仿，以及從範例學習來成長，情形會怎樣？畢竟，人類小嬰兒不是誕生到這個世界時就會說話和走路，但是他們有好奇心，有專注力，也會模仿。嬰兒把自己所處的世界當成教科書，透過例子來學習，難道機器人辦不到嗎？

iCub的身材與兩歲小孩差不多，有眼睛、耳朵及觸覺感測器，能與世界互動並學習。

如果你把一樣新東西拿給iCub看，並說出名稱（「這是一顆紅色的球」），電腦程式會把這個東西的視覺影像和口語標記關聯起來。所以下一次你把紅色的球拿給機器人看，問它：「這是什麼？」機器人會回答：「這是一顆紅色的球。」這項計畫的目標是經過每一次互動，機器人可以持續擴大自己的知識庫。透過內部編碼的改變與連結，它可以建立一套合適的反應。

但是iCub常常出錯。如果你一次給它看好幾樣東西，並說出所有東西的名稱，然後再催促iCub說出那些東西的名稱，你會得到幾個錯誤的答案，以及一大堆「我不知道」的回應。那就是整個過程的一部分，同時也顯示要打造智慧有多麼困難。

我花不少時間和iCub互動，這確實是令人欽佩的計畫。然而我在那裡待得愈久，愈清楚iCub程式背後沒有真正的心靈。儘管它有大大的眼睛、友善的聲音，以及小孩般的動作，但顯然沒有感覺和知覺。iCub由一行行程式碼運作，而非思路。即使我們仍在人工智慧的早期階段，還是忍不住反芻思考哲學上的深刻老問題：這一行行的電腦程式碼，有一天會開始思考嗎？雖然iCub能夠說出「紅色的球」，但是它真的感受到紅色或者圓度的概念嗎？電腦是否只執行程式預設要它們做的事，還是說，它們真的能夠產生內在經驗？

▲ 圖靈（Alan Turing）在1950年曾說道：「與其嘗試創造可以模擬成年人心智的程式，何不嘗試創造可以模擬小孩心智的程式？」
現在總共有29個完全相同的iCub機器人，散布在全球各地的實驗室，每個機器人都是共同平臺的一部分，該平臺能夠把它們的學習成果整合在一起。

## 電腦能夠思考嗎？

電腦能夠經過程式設計，變成可以具有覺察，擁有心智嗎？1980年代，哲學家瑟爾（John Searle）提出的臆想實驗，正中了上述問題的核心，他把這項實驗稱為中文房間論證。

這個臆想實驗是這樣的：我被關在一個房間裡。有人把問題寫在紙條上，透過小投信口傳給我，這些信息全用中文寫下來。我看不懂中文，對於紙條上頭寫些什麼，完全沒有頭緒。然而，房間裡有一套藏書，書中有逐步說明，告訴我看到那些符號時該做什麼。我看著那些成群的符號，完全按照書中的逐步指示，抄下中文符號來回應。我把那些符號寫在紙條上，從投信口傳回去。

外頭那位說中文的人收到我回覆的信息，那些符號對她來說是有意義的。情況看起來像是，不論誰在房間裡，都能很圓滿的回答問題，因而房間裡的人顯然懂中文。當然，她被我騙了，因為我只是遵照一連串指示，根本不了解發生什麼事。如果時間充裕，而且有一部夠詳盡的說明書，我幾乎能夠回答所有用中文提出的問題。但是我不懂中文，我只是操作員，整天處理符號，卻不知道這些符號的意義。

瑟爾認為，這正是電腦內部的情形。不論程式多聰明（就像iCub），也只是按照許多組指令吐出答案，它們處理符號，卻從來沒有真正了解自己在做什麼。

Google就是這種原理的例子。當你在Google查詢時，它並不了解你的問題，也不了解自己的答案，它只是讓許多0和1沿著邏輯閘移動，然後傳回一串0和1給你。藉著「Google翻譯」這類令人驚奇的程式，我能說出斯瓦希里語的句子，那句話還可以翻譯成匈牙利語。但這些全是演算法，都是符號處理，就像中文房間裡的操作員一樣。「Google翻譯」不了解這句話，沒有任何東西賦予這句話意義。

中文房間論證認為，雖然我們發展可以模擬人類智慧的電腦，但這些電腦實際上不會了解自己說的話，它們做的任何事都沒有意義。瑟爾利用這項臆想實驗主張，如果我們只是把人腦比喻成數位電腦，有某些東西終究是無法解釋的。在無意義的符號和我們的意識經驗之間，存在一道深深的鴻溝。

▲ 在「中文房間」臆想實驗中，房間裡的人按照說明書處理符號。這能夠騙過以中文為母語的人，使對方相信房間裡的人會說中文。

關於中文房間論證的詮釋，一直爭論不斷，然而有人這麼解釋，這項論證顯露，實質的構造如何變成等同於我們在這個世界存活的經驗，是多麼神祕難解。在每一項模擬或創造近似人類智慧的嘗試中，我們都面臨神經科學中還未解決的重要問題：我腦中正在執行功能的數百億簡單腦細胞，如何產生我身為人所經歷到的豐富主觀感覺（好比我從痛苦體驗到的痛、從紅色感覺到的紅、從葡萄柚感受到的滋味）？畢竟腦細胞也只是細胞，只能遵守局部規則，執行自己的基本功能。孤零零的一個腦細胞，做不了多少事。那麼數百億個細胞加起來，如何變成我這個人的主觀經驗？

## 超越總和

1714年，萊布尼茲（Gottfried Wilhelm Leibniz）主張，單單只有物質，無法產生心靈。萊布尼茲是德國哲學家、數學家，以及科學家，有時被譽為「最後一位無所不知的人」。對萊布尼茲而言，只有腦組織，無法有內在精神生活。他提出一種臆想實驗，現在稱為「萊布尼茲的磨坊」。

想像有一座大磨坊，如果你可以在裡頭走動，你會看到鑲齒、支柱、槓桿全在運轉，但要是有人認為磨坊正在思考、有感覺或感知，那將十分荒謬。磨坊怎麼能墜入情網或欣賞日落？萊布尼茲聲稱，磨坊只是用零件和材料打造出來的，腦也是如此。如果你可以把腦放大到磨坊的大小，然後在裡面四處走動，你也只會看到零件和結構，顯然看不到相當於知覺的東西。每一樣東西都只是施加作用到其他東西上。如果你把每一種交互作用記下來，顯然不會記錄到思想、感覺與知覺位於哪裡。

當我們觀看腦的內部，眼前淨是神經元、突觸、神經傳遞物質和電活動。我們會看到數百億個正在互相交談的活躍細胞。你在哪裡？你的思想在哪裡？你的情緒呢？快樂的感

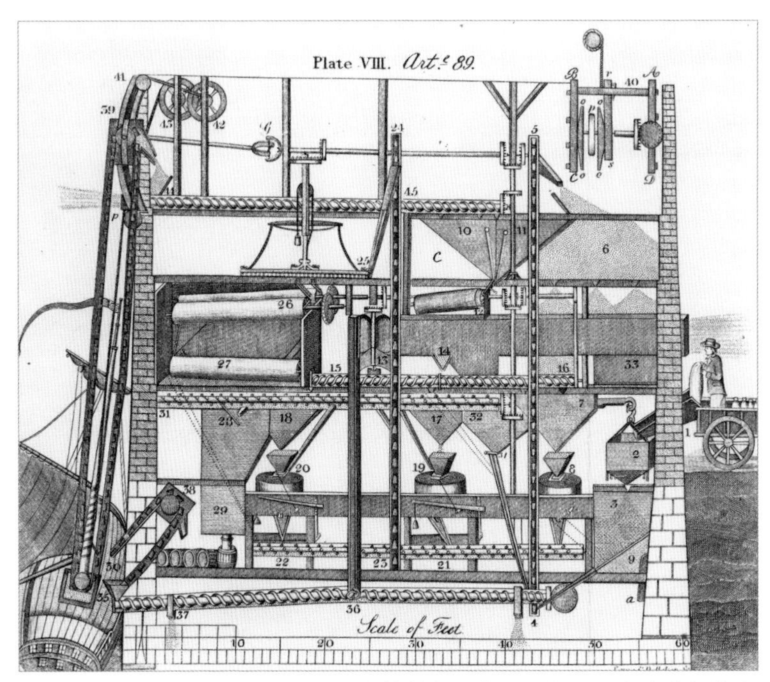


▲ 磨坊中有許多零件和結構在進行機械交互作用，但是不會有人認為磨坊會思考。腦袋也是由零件和結構組成的，那麼它的神奇力量究竟出自於腦袋裡的何處呢？

覺、靛藍的色彩，又在哪裡感受到？你怎麼可能只是由物質構成的？對於萊布尼茲而言，從機械原因來看心智，似乎根本說不清。

萊布尼茲是否可能忽略了論證中的某些東西？在觀看腦的各個部分時，他可能不夠周全。在磨坊裡四處走動的想法，或許不適合用來處理意識的問題。

## 意識是突現的特性

為了理解人類意識，我們可能無法從把腦拆解成各部位的觀點來思考，而是從這些組成如何交互作用的角度來考量。如果我們想知道，這些簡單成分如何產生比本身總和還大的特性，只要去瞧瞧最近的蟻丘就行了。

一窩切葉蟻有上百萬隻成員，牠們會種植自己的食物，就像人類的農夫那樣。有些切葉蟻會離開蟻窩，外出去尋找新鮮的植物，一旦發現目標，就用口器切下一大片葉子，扛回窩裡。然而，螞蟻並不吃這些葉子。而是由較小隻的工蟻接手，把葉片嚼碎、變成肥料，用於栽種地下大型「真菌園」。螞蟻為真菌施肥，真菌長出子實體，供螞蟻日後食用（這已經變成共生關係，因為這些真菌無法自己繁殖，完全依賴螞蟻才能繁衍）。切葉蟻運用這種成功的農耕策略，在地底建造龐大的巢穴，有時可蔓延幾百平方公尺。和人類一樣，牠們建立了完善的農業文明。

重點在這裡：雖然螞蟻聚落就像完成非凡壯舉的超生物體，但每一隻個別的螞蟻行為非常單純，牠只按照局部規則行動。蟻后並不會頒發命令，也不會居高臨下協調蟻群的行為。事實上，是每一隻螞蟻根據當地的化學訊號做出反應，這些訊號來自其他螞蟻、幼蟲、入侵者、食物、廢物或葉子。每一隻螞蟻都是卑微、自律的單元，其反應只依賴局部環境，還有為各種螞蟻編寫在基因裡的規則。

即使缺乏中央集權式的決策機制，切葉蟻群仍展現出精密無比的行為（除了農業之外，牠們的成就還包括找到距離蟻窩各出口最遠的距離，來安置同伴的屍體，這是很複雜的幾何問題）。

重要的一課是，蟻群的複雜行為，並非來自個體的複雜性。每一隻螞蟻並不知道自己是某個成功文明的一員，牠只是執行渺小、簡單的工作。

▲ 每一隻切葉蟻只進行局部溝通，對於大局毫無概念。但是在聚落的層次，卻浮現複雜、機動性十足的農耕方式。

一旦夠多的螞蟻聚集在一起，超生物體就出現了，這個集體擁有的特性比個別基礎部分更精緻、複雜。這種現象稱為「突現」（emergence）；當簡單的單元以適當的方式交互作用，產生更大的格局，這時發生的情況就是突現。

螞蟻之間的交互作用才是關鍵，腦也是如此。神經元只是特化的細胞，它們與你身上的其他細胞一樣，只是還擁有一些特殊能力，讓它長出突起並傳導電訊號。單獨一個腦細胞如同一隻螞蟻，一生只執行局部工作，讓電訊號沿著細胞膜傳遞，時候到了就吐出神經傳遞物質，而且也接受其他細胞吐出來的神經傳遞物質。就這樣，神經元生活在黑暗中。每個神經元一輩子都嵌在其他細胞形成的網路中，只負責回應訊號。它不知道自己是否參與了閱讀莎士比亞時的眼球掃動，或是動手彈奏貝多芬。它不知道你的存在，雖然你的目標、意圖及能力，完全依賴這些小小神經元，但它們活在更小的尺度中，沒有覺察到它們通力打造出來的成果。

但是只要讓夠多的腦細胞聚在一起，以適當的方式交互作用，心智就會突現。

所見之處，你都可以發現具有突現特性的系統。組成飛機的金屬片，如果只有單獨一片，是飛不起來的，然而當你用適當的方式把各零件組裝在一起，它們就浮現了飛行的特性。一個系統的各組成部分，單獨來看的話，可能相當簡單。一切都與各組成部分的交互作用有關。在許多情況下，那些組成部分是可以取代的。

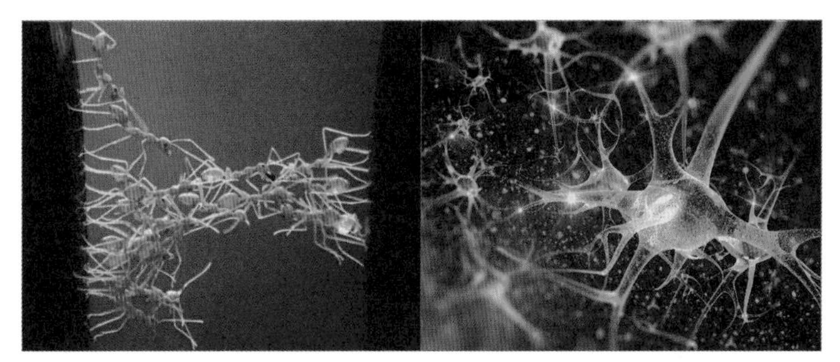

▲ 螞蟻和神經元終其一生都按照局部規則度日。螞蟻在不知不覺中使蟻群產生複雜的行為，神經元也對我們造成相同的結果。

## 意識需要什麼？

雖然我們還沒有弄清楚心智理論的細節，但心智似乎是從腦中數百億零件的交互作用中浮現的。這引發一個基本問題：只要有許多成分進行交互作用，心智就能夠從任何事物浮現嗎？例如，城市能夠有意識嗎？畢竟，城市是建造在各元素間的交互作用之上。想想在城市中川流不息的各種訊息：電話線、光纖纜線、汙水下水道、人與人之間每次握手、每一支紅綠燈等等。城市的互動規模，與腦內的互動規模不相上下。當然，我們很難知道城市是否有意識。城市要如何告訴我們？我們要怎麼問它呢？

想要回答這類問題，需要提出另一個更深入的問題：要讓網路體驗到意識，是否只需要超過一定數量的組成部分，而非能夠交互作用的特別結構？

威斯康辛大學托諾尼（Giulio Tononi）教授進行的研究，想要確實回答上述問題。他曾提出意識的量化定義。他認為，只有會交互作用的各組成部分是不夠的，在這種交互作用背後，必須要有某種結構。

在實驗室環境下研究意識，托諾尼使用跨顱磁刺激（TMS）來比較醒著的腦和進入深度睡眠的腦（第1章已經說明，意識會在我們深度睡眠時消失），看看兩種情形下的腦內活動有何不同。他和研究小組把一陣電流導入大腦皮質，然後追蹤這些活動的蔓延情形。

在受試者清醒且有意識覺察的狀態下，有一種神經活動的複雜模式會從TMS脈衝的中心擴張開來。這種活動餘波蕩漾，蔓延到皮質的其他區域，顯露出整個網路廣泛互連。相反的，當受試者進入深度睡眠狀態，TMS脈衝只會刺激到局部區域，而且這種活動很快就平息下來，網路的連結程度大幅減少。陷入昏迷的人也會出現相同的結果，腦內的神經活動不太會蔓延開來，但當這個人在幾星期內逐漸恢復意識，活動的擴展範圍會變得比較大。

托諾尼相信，這是因為在我們清醒且有意識的時候，皮質的不同區域之間會進行廣泛溝通；相較之下，睡眠時的無意識狀態，特色就是缺乏跨區溝通。在托諾尼提出的架構中，他認為意識系統需要在充分的複雜度與充分的連結度之間取得完美平衡；複雜度代表截然不同的狀態（這稱為區辨），連結度讓網路中距離遙遠的各區能夠互相密切溝

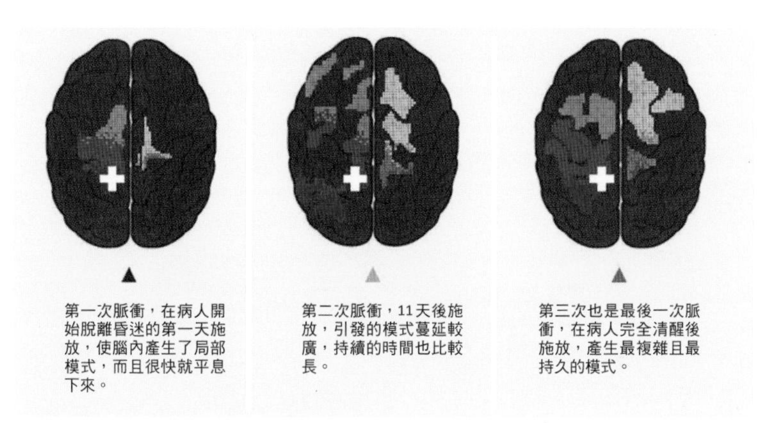


▲意識程度愈高，神經活動蔓延得愈廣，兩者相關。

通（稱為整合）。在他的架構中，區辨和整合的平衡可以量化，他主張只有在適當範圍中的系統，才能體驗到意識。

如果托諾尼的理論證實是對的，這將會變成評估昏迷病人意識程度的非侵入式方法，也可能讓我們辨別無生命系統是否具有意識。因此，「城市是否有意識」這個問題也能獲得解答：這將取決於城市的資訊流是否以適當的方式安排，即是否正好有理想數量的區辨與整合。

托諾尼的理論，與人類意識能夠脫離其生物源頭的想法並行不悖。在這種觀點之下，雖然意識沿著腦產生的特殊路徑演化而生，但不一定得建立於有機物質之上。如果妥善安排交互作用的方式，或許可以用矽輕易的組成意識。

# 意識與神經科學

讓我們花一點時間來思考私人的主觀經驗，也就是只出現在某人腦海裡的景象。好比說，當我邊觀賞夕陽邊啃桃子時，你不可能知道我內在確實感受到的經驗；你只能根據自己的經驗猜測。我的意識經驗是我的，你的意識經驗是你的，那麼要怎麼用科學方法來研究意識呢？

最近幾十年，研究人員開始闡明意識的「神經基礎」，也就是一個人每次經歷特定經驗時，腦部活動所呈現的確切模式，而且這種模式只有當他們正在經歷那種經驗時才會出現。

就拿上方這幅模稜兩可的鴨兔圖形為例。就像第4章的老婦或年輕女子圖，有趣的地方在於，你一次只能感受到一種詮釋，無法同時經歷兩者。在你覺得那是兔子時，腦裡的活動有什麼明確的特徵？當你的感受變成鴨子時，腦裡的情形有什麼不同？這一頁的圖並沒有改變，因此有所改變的，必定是產生你意識經驗的腦部活動細節。

## 上傳意識

如果腦的軟體才是心智的關鍵要素，而非那些硬體細節，那麼理論上，我們可以卸掉身上這副皮囊。只要有威力夠強大的電腦，可以模擬腦裡的交互作用，我們就能把自己上傳到電腦。我們能夠以數位形式存在，以電腦模擬來執行功能，擺脫產生我們的生物濕體（腦），變成非生物的存在。那將是我們這個物種史上最重大的躍進，把我們提升到了超人類主義（transhumanism）的時代。

想像你拋開身體，變成模擬世界中的新型存在，這樣的情況可能會如何。你的數位存在，可以變成你夢想的任何生命形式。程式設計師可以打造你想要的各種虛擬世界，你可以在那些世界裡飛翔、住在水底，或感受其他行星上的風。我們運行虛擬腦的速度，能夠隨心所欲的調快或調慢，於是我們的心智可以跨越一大段時間，或者把幾秒鐘的計算時間變成數十億年的經驗。

想要成功上傳，需要克服的技術障礙是模擬的腦必須能夠自我調整。我們不只需要組成腦的各個元件，還需要它們進行交互作用時的物理特性，例如移動到細胞核裡使基因表現的轉錄因子活性、突觸位置與強度的動態變化等等。除非你的模擬經驗可以改變模擬腦的結構，否則你無法形成新的記憶，對於時間的流逝毫無感覺。在那樣的情況下，永生不死還有什麼意義嗎？

如果這種上傳證實可行，將會擴展我們到達其他太陽系的能力。我們的宇宙中至少還有上千億個星系，每個星系含有上千億顆恆星。我們已經發現好幾千顆繞著這些恆星運轉的太陽系外行星，有些行星的條件和地球很相似。但若想到達那些行星，以我們目前的肉身還無法做到，目前沒有可預見的方法，讓我們能夠旅行到那麼遙遠的時空距離外。

然而，因為你可以讓模擬暫停，把它發射到太空中，當它一千年以後抵達某顆行星時再重新啟動，對你的意識來說，就好像你原本在地球上，經歷發射升空，突然之間發現自己到了另一顆行星上。這種上傳，相當於物理學上尋找蟲洞的夢想成真，因為這使得我們能在主觀的一瞬間，從宇宙的一端抵達另一端。

## 我們已經活在模擬世界當中？

或許你為自己選擇的模擬版本，與你目前在地球上的生活很相像，這種單純思維讓一些哲學家思忖，我們是否已經活在模擬的世界中。儘管這種概念似乎像在幻想，但是我們很清楚自己多麼容易受騙，多麼容易接受現實，例如每一晚我們睡著後做了怪異的夢，雖然身在夢境，卻全然相信那是真實的世界。

關於現實的問題，對我們來說不是什麼新鮮事。兩千三百多年前，中國哲學家莊周夢到自己變成蝴蝶。醒來

# 上傳之後，你還是你嗎？

如果生物學演算法（而非實質構造）是我們成為何種人的重要因素，可能有一天，我們將可以複製腦，把它們上傳，讓我們在矽打造的系統中永生。

但是這裡出現很重要的問題：那真的是你嗎？不盡然。上傳的副本有你全部的記憶，而且相信自己是你，雖然「你」就在電腦外，在你的身體裡。奇怪的地方是，一旦你死了，我們在一秒鐘後開啟你的模擬版本，就發生轉移了。這無異於「星際爭霸戰」中的「傳送」：先將人解體，過一陣子再重組出一個新版本。這種上傳或許跟你每天晚上入睡後發生的事情差不多，你睡著時會經歷到意識的短暫死亡，第二天早上在你枕上醒來的那個人，繼承你全部的記憶，而且相信自己就是你。

之後，他開始思考這個問題：我怎麼知道，是我莊周做夢變成蝴蝶，或者此刻我是蝴蝶，做夢變成一位名為莊周的人？

法國哲學家笛卡兒從不同途徑，思索同一個問題。他質疑，我們怎麼知道我們經歷到的是真正的現實。為了讓我們更清楚這個問題，有一個承襲笛卡兒想法的現代版臆想實驗：我怎麼知道我不是一個桶中腦？或許有人正以適當的方式刺激那顆腦，讓我相信我在這裡、我正接觸地面、我正看著那些人群、聽到那些聲音。

▲「昔者莊周夢為胡蝶，栩栩然胡蝶也，自喻適志與！不知周也。俄然覺，則蘧蘧然周也。不知周之夢為胡蝶與，胡蝶之夢為周與？」

笛卡兒對上述想法的結論是，我們或許沒有辦法知道；但是他也明白別的事情：整件事情的中心有一個「我」，想要弄清楚這一切。

無論我是不是桶中腦，我都正在思索這個問題。我思故我在。

## 展望未來

未來幾年，我們將會發現更多關於人腦的事實，驚人程度超出現今的理論或架構所能描述。目前，我們周遭充滿謎團，有許多我們已經能辨認出來，但還有許多我們根本沒注意到。在這片領域之中，我們前方仍有未經探測的浩瀚水域。對科學研究來說，重要的總是進行實驗並評估結果。然後，大自然會告訴我們哪些途徑是死巷，哪些途徑會導向大道，帶領我們理解人類心智的藍圖。

唯有一點是確定的：我們這個物種才處於某件事情的開端，但我們還沒有完全了解那是什麼。我們處於歷史上的空前時刻，腦科學和科技正在共同演化。這種交互作用產生的結果，有望改變我們的模樣。

歷經好幾千個世代，人類一再重複度過同樣的生命週期：出生、控制脆弱的身體、享受狹隘的感官現實、然後死亡。

科學可能提供有力的工具，讓我們超越那樣的演化故事。我們能夠駭入自己的硬體，讓腦不需要維持在我們獲得它們時的原先模樣。我們能夠棲身於新型態的感官現實裡面，寄居於新型態的身體之中。最終我們甚至可能一舉擺脫肉體形式。

就在此刻，我們這個物種正在發明工具，來形塑我們自身的命運。

我們會變成什麼模樣，將由我們自己來決定。

# 致謝

如同腦的神奇力量突現自許多部分的交互作用，《大腦解密手冊》這本書和同系列電視節目出自許多人的通力合作。

Jennifer Beamish是整個計畫的支柱，努力不懈的打點好所有人，不斷從腦袋裡變出電視節目內容，同時整合各方意見。她無可取代，這項計畫若沒有她就不會存在。計畫的第二根支柱是Justine Kershaw。她構思大型計畫、經營Blink Films公司，還能管理眾人，她的本事和勇氣一再鼓舞我。節目拍攝期間，我們很榮幸與一組才華洋溢的導演合作，他們是Toby Trackman、Nic Stacey、Julian Jones、Cat Gale及Johanna Gibbon。在變換情緒、色調、燈光、布景和基調等模式時，他們非常敏銳，讓我驚歎不已。同時，我們很幸運和視覺領域的專家合作，他們是攝影指導Duane McClune、Andy Jackson及Mark Schwartzbard。拍攝節目時，由足智多謀、精力充沛的助理製作人Alice Smith、Chris Baron與Emma Pound負責日常的後勤支援。

在這本書方面，我很榮幸能與Canongate Books的Katy

Follain和Jamie Byng一起合作，Canongate Books一直是勇敢無畏、眼光獨到的出版社。同樣的，我覺得暨榮幸又高興，可以和我的美國編輯，也就是Pantheon Books的Dan Frank合作，他同時扮演朋友和顧問的角色。

父母給我的啟發，讓我感激不盡：我父親是精神病學家，母親是生物老師，他們都熱愛教書和學習。他們持續激勵、鼓舞我，讓我在往研究者與傳播者的路上有所成長。雖然在我小時候，我們家幾乎不看電視，但他們一定會讓我坐在電視機前面觀賞天文學家薩根（Carl Sagan）的節目《宇宙》（*Cosmos*）；現在想想，原來這個計畫的根早已扎下，可以追溯回那些觀賞《宇宙》的傍晚時分。

感謝我的神經科學實驗室裡那些傑出又勤奮的學生和博士後研究員，他們全力配合我在拍攝節目和撰寫書籍期間的混亂時程表。

最後也最重要的是，我要感謝美麗的妻子莎拉，在我進行這項計畫的時候，支持我、鼓勵我、包容我、照料我們的家。我很幸運，因為她和我一樣相信這番努力有多重要。

# 附注

## 第1章 你是誰？

**羅馬尼亞孤兒**

Nelson, CA (2007) "A neurobiological perspective on early human deprivation." *Child Development Perspectives*, 1(1), 13–18.

**青少年的腦和自我意識的增長**

Somerville, LH, Jones, RM, Ruberry, EJ, Dyke, JP, Glover, G & Casey, BJ (2013) "The medial prefrontal cortex and the emergence of self-conscious emotion in adolescence." *Psychological Science*, 24(8), 1554–62.

值得注意的是，論文作者也發現內側前額葉皮質和另一個稱為紋狀體的腦區之間的連結增強。紋狀體及其相連網路參與了把動機轉化為行動的過程。作者認為，這種連結可以解釋為什麼青少年的行為強烈受到社交考量的驅使，以及為什麼青少年在同儕面前更容易冒險。

Bjork, JM, Knutson, B, Fong, GW, Caggiano, DM, Bennett, SM & Hommer, DW (2004) "Incentive-elicited brain activation in adolescents: similarities and differences from young adults." *The Journal of Neuroscience*, 24(8), 1793–1802.

Spear, LP (2000) "The adolescent brain and age-related behavioral manifestations." *Neuroscience and Biobehavioral Reviews*, 24(4), 417–63.

Heatherton, TF (2011) "Neuroscience of self and self-regulation." *Annual Review of Psychology*, 62, 363–90.

**計程車司機與知識大全**

Maguire, EA, Gadian, DG, Johnsrude, IS, Good, CD, Ashburner, J, Frackowiak, RS & Frith, CD (2000) "Navigation-related structural change in the hippocampi of taxi drivers." *Proceedings of the National Academy of Sciences of the United States of America*, 97(8), 4398–4403.

## 人腦的細胞數目

還請注意，在一整顆人腦中，神經元和膠細胞的數目一樣都是860億個。

Azevedo, FAC, Carvalho, LRB, Grinberg, LT, Farfel, JM, Ferretti, REL, Leite, REP & Herculano-Houzel, S (2009) "Equal numbers of neuronal and nonneuronal cells make the human brain an isometrically scaled-up primate brain." *The Journal of Comparative Neurology*, 513(5), 532–41.

連結（突觸）數目的各種估計差異很大，但合理的約略估計值是一千兆，如果我們假定神經元將近有一千億個，每個神經元大約有一萬個連結。某些種類的神經元突觸較少；有一些神經元（例如浦金耶細胞）突觸較多，每一個細胞大約有二十萬個突觸。

請參見神經科學家查德勒（Eric Chudler）建立的「腦的事實與數字」網頁（網頁中的數字若沒有另外說明，都與人類有關）：faculty.washington.edu/chudler/facts.html。

## 音樂家的記憶力比較好

Chan, AS, Ho, YC & Cheung, MC (1998) "Music training improves verbal memory." *Nature*, 396(6707).

Jakobson, LS, Lewycky, ST, Kilgour, AR & Stoesz, BM (2008) "Memory for verbal and visual material in highly trained musicians." *Music Perception*, 26(1), 41–55.

## 愛因斯坦的腦和 Ω 記號

Falk, D (2009) "New information about Albert Einstein's Brain." *Frontiers in Evolutionary Neuroscience*, 1.

另參見Bangert, M & Schlaug, G (2006) "Specialization of the specialized in features of external human brain morphology." *The European Journal of Neuroscience*, 24(6), 1832–4。

## 未來的記憶

Schacter, DL, Addis, DR & Buckner, RL (2007) "Remembering the past to imagine the future: the prospective brain." *Nature Reviews Neuroscience*, 8(9), 657–61.

Corkin, S (2013) *Permanent Present Tense: The Unforgettable Life Of The*

*Amnesic Patient*. Basic Books. 繁體中文版《永遠的現在式：失憶患者H.M.給人類記憶科學的贈禮》由夏日出版社出版。

### 修女研究

Wilson, RS et al "Participation in cognitively stimulating activities and risk of incident Alzheimer disease." *Jama* 287.6 (2002), 742–48.

Bennett, DA et al "Overview and findings from the religious orders study." *Current Alzheimer Research* 9.6 (2012): 628.

研究人員在參與者過世後，解剖她們的腦子樣本發現，有一半的人雖然腦出現病理症狀，但是認知功能沒有問題，有三分之一的人已經到達阿茲海默症的病理臨界點。換句話說，研究人員發現這些死者的腦子出現疾病症狀的情況很普遍，但一個人是否可能出現認知衰退，這些病理變化只占一半的原因。關於修會研究的更多詳情，請見以下網址：

www.rush.edu/services-treatments/alzheimers-disease-center/religious-orders-study

### 身心二元問題

Descartes, R (2008) *Meditations on First Philosophy* (Michael Moriarty translation of 1641 ed.). Oxford University Press.

## 第2章 現實是什麼？

### 視錯覺

Eagleman, DM (2001) "Visual illusions and neurobiology." *Nature Reviews Neuroscience*. 2(12), 920–6.

### 稜鏡護目鏡

Brewer, AA, Barton, B & Lin, L (2012) "Functional plasticity in human parietal visual field map clusters: adapting to reversed visual input." *Journal of Vision*, 12(9), 1398.

請注意，在實驗結束，志願者拿下護目鏡之後，他們需要一到兩天的時間，讓腦重新搞清楚狀況，恢復熟悉的正常生活。

**透過與世界的交互作用，配置腦的線路**

Held, R & Hein, A (1963) "Movement-produced stimulation in the development of visually guided behavior." *Journal of Comparative and Physiological Psychology*, 56 (5), 872–6.

**讓各種感覺的時間同步**

Eagleman, DM (2008) "Human time perception and its illusions." *Current Opinion in Neurobiology*. 18(2), 131–36.

Stetson C, Cui, X, Montague, PR & Eagleman, DM (2006) "Motor-sensory recalibration leads to an illusory reversal of action and sensation." *Neuron*. 51(5), 651–9.

Parsons, B, Novich SD & Eagleman DM (2013) "Motor-sensory recalibration modulates perceived simultaneity of cross-modal events." *Frontiers in Psychology*. 4:46.

**凹陷面具錯覺**

Gregory, Richard (1970) *The Intelligent Eye*. London: Weidenfeld & Nicolson.

Króliczak, G, Heard, P, Goodale, MA & Gregory, RL (2006) "Dissociation of perception and action unmasked by the hollow-face illusion." *Brain Res*. 1080 (1): 9–16.

補充有趣的一點，有思覺失調症的人比較不容易產生凹陷面具錯覺：

Keane, BP, Silverstein, SM, Wang, Y & Papathomas, TV (2013) "Reduced depth inversion illusions in schizophrenia are state-specific and occur for multiple object types and viewing conditions." *J Abnorm Psychol* 122 (2): 506–12。

**聯覺**

Cytowic, R & Eagleman, DM (2009) *Wednesday is Indigo Blue: Discovering the Brain of Synesthesia*. Cambridge, MA: MIT Press.

Witthoft N, Winawer J, Eagleman DM (2015) "Prevalence of learned grapheme-color pairings in a large online sample of synesthetes." PLoS ONE. 10(3), e0118996.

Tomson, SN, Narayan, M, Allen, GI & Eagleman DM (2013) "Neural networks of colored sequence synesthesia." *Journal of Neuroscience*. 33(35), 14098–106.

Eagleman, DM, Kagan, AD, Nelson, SN, Sagaram, D & Sarma, AK (2007) "A standardized test battery for the study of Synesthesia." *Journal of Neuroscience Methods*. 159, 139–45.

### 時間似乎停止了

Stetson, C, Fiesta, M & Eagleman, DM (2007) "Does time really slow down during a frightening event?" *PloS One*, 2(12), e1295.

## 第3章 誰在掌控我們？

### 潛意識的力量

Eagleman, DM (2011) *Incognito: The Secret Lives of the Brain. Pantheon*. 繁體中文版《躲在我腦中的陌生人：誰在幫我們選擇、決策？誰操縱我們愛戀、生氣，甚至抓狂？》由漫遊者文化出版。

我選擇寫進這本書的概念，有一些和《躲在我腦中的陌生人》重疊。包括梅麥克、惠特曼及帕克斯，還有雅布斯的眼球追蹤實驗、電車困境、房貸崩盤和尤里西斯合約。為了使目前這個計畫的架構更完整，多少必須包含這些切入點，因為這些主題會以不同的方式討論，通常目的也不一樣。

### 瞳孔擴大與吸引力

Hess, EH (1975) "The role of pupil size in communication," *Scientific American*, 233(5), 110–12.

### 心流狀態

Kotler, S (2014) *The Rise of Superman: Decoding the Science of Ultimate Human Performance*. Houghton Mifflin Harcourt.

### 潛意識影響決策

Lobel, T (2014) *Sensation: The New Science of Physical Intelligence*. Simon & Schuster.

Williams, LE & Bargh, JA (2008) "Experiencing physical warmth promotes interpersonal warmth." *Science*, 322(5901), 606–7.

Pelham, BW, Mirenberg, MC & Jones, JT (2002) "Why Susie sells seashells by the seashore: implicit egotism and major life decisions," *Journal of Personality and Social Psychology* 82, 469–87.

## 第4章 我們如何決策？

### 決策

Montague, R (2007) *Your Brain is (Almost) Perfect: How We Make Decisions*. Plume.

### 神經元聯盟

Crick, F & Koch, C (2003) "A framework for consciousness." *Nature Neuroscience*, 6(2), 119–26.

### 電車困境

Foot, P (1967) "The problem of abortion and the doctrine of the double effect." Reprinted in *Virtues and Vices and Other Essays in Moral Philosophy* (1978). Blackwell.

Greene, JD, Sommerville, RB, Nystrom, LE, Darley, JM & Cohen, JD (2001) "An fMRI investigation of emotional engagement in moral judgment." *Science*, 293(5537), 2105–8.

請注意，情緒（emotion）是可測量的身體反應，由正在發生的事情引起。另一方面，感情（feeling）是主觀的經驗，伴隨這些身體反應而來，感情就是大家通常會想到的快樂、羨慕、悲傷等感受。

### 多巴胺與非預期酬賞

Zaghloul, KA, Blanco, JA, Weidemann, CT, McGill, K, Jaggi, JL, Baltuch, GH & Kahana, MJ (2009) "Human substantia nigra neurons encode unexpected financial rewards." *Science*, 323(5920), 1496–9.

Schultz, W, Dayan, P & Montague, PR (1997) "A neural substrate of prediction and reward." *Science*, 275(5306), 1593–9.

Eagleman, DM, Person, C & Montague, PR (1998) "A computational role for dopamine delivery in human decision-making." *Journal of Cognitive Neuroscience*, 10(5), 623–30.

Rangel, A, Camerer, C & Montague, PR (2008) "A framework for studying the neurobiology of value-based decision making." *Nature Reviews Neuroscience*, 9(7), 545–56.

**法官和假釋決定**

Danziger, S, Levav, J & Avnaim-Pesso, L (2011) "Extraneous factors in judicial decisions." *Proceedings of the National Academy of Sciences of the United States of America*, 108(17), 6889–92.

**決策中的情緒**

Damasio, A (2008) *Descartes' Error: Emotion, Reason and the Human Brain*. Random House.

**當下的力量**

Dixon, ML (2010) "Uncovering the neural basis of resisting immediate gratification while pursuing long-term goals." *The Journal of Neuroscience*, 30(18), 6178–9.

Kable, JW & Glimcher, PW (2007) "The neural correlates of subjective value during intertemporal choice." *Nature Neuroscience*, 10(12), 1625–33.

McClure, SM, Laibson, DI, Loewenstein, G & Cohen, JD (2004) "Separate neural systems value immediate and delayed monetary rewards." *Science*, 306(5695), 503–7.

當下的力量不只發揮在此刻的事情，也作用在此地。想一想下面這個由哲學家辛格（Peter Singer）提出的情境：你正要把三明治塞進口中，大快朵頤一番，這時你看到窗外有個小孩在人行道上挨餓，眼淚正從枯瘦的臉頰滑落。你會把三明治讓給小孩吃嗎，或者只是自己把三明治吃下去？大多數人都樂意把三明治讓出來。但此刻在非洲，同樣有小孩在挨餓，就如同你窗外的那個男孩。你只需要點一下滑鼠，送出五元美金，相當於一份三明治的價錢。然而，即使你在第一種情境下樂善好施，但對於非洲的挨餓小孩，你可能今天還沒有捐給他三明治的錢，可能最近也沒捐。為什麼你沒有採取行動幫助他呢？因為第一種情境把小孩推到你面前，而第二種情境需要你去想像小孩的景況。

**意志力**

Muraven, M, Tice, DM & Baumeister, RF (1998) "Self-control as a limited resource: regulatory depletion patterns." *Journal of Personality and Social Psychology*, 74(3), 774.

Baumeister, RF & Tierney, J (2011) *Willpower: Rediscovering the Greatest Human Strength*. Penguin. 繁體中文版《增強你的意志力：教你實現目標、抗拒誘惑的成功心理學》由經濟新潮社出版。

**政治傾向與噁心感**

Ahn, W-Y, Kishida, KT, Gu, X, Lohrenz, T, Harvey, A, Alford, JR & Dayan, P (2014) "Nonpolitical images evoke neural predictors of political ideology." Current Biology, 24(22), 2693–9.

**催產素**

Scheele, D, Wille, A, Kendrick, KM, Stoffel-Wagner, B, Becker, B, Güntürkün, O & Hurlemann, R (2013) "Oxytocin enhances brain reward system responses in men viewing the face of their female partner." *Proceedings of the National Academy of Sciences*, 110(50), 20308–313.

Zak, PJ (2012) *The Moral Molecule: The Source of Love and Prosperity*. Random House.

**決策與社會**

Levitt, SD (2004) "Understanding why crime fell in the 1990s: four factors that explain the decline and six that do not." *Journal of Economic Perspectives*, 163–90.

Eagleman, DM & Isgur, S (2012). "Defining a neurocompatibility index for systems of law". *In Law of the Future, Hague Institute for the Internationalisation of Law*. 1(2012), 161–172.

**腦部造影的即時回饋**

Eagleman, DM (2011) *Incognito: The Secret Lives of the Brain. Pantheon*.（繁體中文版《躲在我腦中的陌生人》）

## 第5章 可以有人是孤島嗎？

**賦予東西意圖**

Heider, F & Simmel, M (1944) "An experimental study of apparent behavior." *The American Journal of Psychology*, 243–59.

## 同理心

Singer, T, Seymour, B, O'Doherty, J, Stephan, K, Dolan, R & Frith, C (2006) "Empathic neural responses are modulated by the perceived fairness of others." *Nature*, 439(7075), 466–9.

Singer, T, Seymour, B, O'Doherty, J, Kaube, H, Dolan, R & Frith, C (2004) "Empathy for pain involves the affective but not sensory components of pain." *Science*, 303(5661), 1157–62.

## 同理心與外團體

Vaughn, DA, Eagleman, DM (2010) "Religious labels modulate empathetic response to another's pain." Society for Neuroscience abstract.

Harris, LT & Fiske, ST (2011). "Perceiving humanity." In A. Todorov, S. Fiske, & D. Prentice (eds.). *Social Neuroscience: Towards Understanding the Underpinnings of the Social Mind*, Oxford Press.

Harris, LT & Fiske, ST (2007) "Social groups that elicit disgust are differentially processed in the mPFC." *Social Cognitive Affective Neuroscience*, 2, 45–51.

## 專注於其他腦的腦線路

Plitt, M, Savjani, RR & Eagleman, DM (2015) "Are corporations people too? The neural correlates of moral judgments about companies and individuals." *Social Neuroscience*, 10(2), 113–25.

## 嬰兒和信任

Hamlin, JK, Wynn, K & Bloom, P (2007) "Social evaluation by preverbal infants." *Nature*, 450(7169), 557–59.

Hamlin, JK, Wynn, K, Bloom, P & Mahajan, N (2011) "How infants and toddlers react to antisocial others." *Proceedings of the National Academy of Sciences*, 108(50), 19931–36.

Hamlin, JK & Wynn, K (2011) "Young infants prefer prosocial to antisocial others." *Cognitive Development*. 2011, 26(1):30-39. doi:10.1016/j.cogdev.2010.09.001.

Bloom, P (2013) *Just Babies: The Origins of Good and Evil*. Crown.

### 藉由刺激他人臉孔來解讀情緒

Goldman, AI & Sripada, CS (2005) "Simulationist models of face-based emotion recognition." *Cognition*, 94(3).

Niedenthal, PM, Mermillod, M, Maringer, M & Hess, U (2010) "The simulation of smiles (SIMS) model: embodied simulation and the meaning of facial expression." *The Behavioral and Brain Sciences*, 33(6), 417–33; discussion 433–80.

Zajonc, RB, Adelmann, PK, Murphy, ST & Niedenthal, PM (1987) "Convergence in the physical appearance of spouses." *Motivation and Emotion*, 11(4), 335–46.

關於羅比森的跨顱磁刺激實驗，巴斯卡里歐尼教授提到：「我們還沒辦法確切釐清在神經生物學方面發生什麼情況，但我認為這提供機會讓我們去了解，從羅比森的例子可能會學到何種行為變化、何種干預，而且可以教給其他人。」

### 肉毒桿菌素降低解讀臉孔的能力

Neal, DT & Chartrand, TL (2011) "Embodied emotion perception amplifying and dampening facial feedback modulates emotion perception accuracy." *Social Psychological and Personality Science*, 2(6), 673–8.

這種效應雖小，但很重要：施打肉毒桿菌素的人辨識情緒的正確率有70%，對照組平均是77%。

Baron - Cohen, S, Wheelwright, S, Hill, J, Raste, Y & Plumb, I (2001) "The 'Reading the Mind in the Eyes' test revised version: A study with normal adults, and adults with Asperger syndrome or high - functioning autism." *Journal of Child Psychology and Psychiatry*, 42(2), 241–51.

### 社交排除造成的痛苦

Eisenberger, NI, Lieberman, MD & Williams, KD (2003) "Does rejection hurt? An fMRI study of social exclusion." *Science*, 302(5643), 290–92.

Eisenberger, NI & Lieberman, MD (2004) "Why rejection hurts: a common neural alarm system for physical and social pain." *Trends in Cognitive Sciences*, 8(7), 294–300.

### 單獨監禁

除了我們電視節目對蕭德的訪談，還可以參見：Pesta, A (2014) 'Like an Animal': Freed U.S. Hiker Recalls 410 Days in Iran Prison. NBC News。

### 精神病態者與前額葉皮質

Koenigs, M (2012) "The role of prefrontal cortex in psychopathy." *Reviews in the Neurosciences*, 23(3), 253–62.

精神病態者和一般人活化情況不同的腦區，是前額葉皮質中線上兩個鄰近的區域：腹內側前額葉皮質與前扣帶迴皮質。這兩個腦區常見於社交與情緒決策的研究，在精神病態者腦中的活性低下。

### 藍色眼睛／棕色眼睛實驗

文字紀錄引自*A Class Divided*, original broadcast: March 26th 1985。由William Peters導演、監製，編劇為William Peters和Charlie Cobb。

## 第6章 將來，我們會變成怎樣？

### 人體的細胞數目

Bianconi, E, Piovesan, A, Facchin, F, Beraudi, A, Casadei, R, Frabetti, F & Canaider, S (2013) "An estimation of the number of cells in the human body." *Annals of Human Biology*, 40(6), 463–71.

### 腦的可塑性

Eagleman, DM (in press). *LiveWired: How the Brain Rewires Itself on the Fly*. Canongate.

Eagleman, DM (March 17th 2015). David Eagleman: "Can we create new senses for humans?" TED conference. [Video file]. http://www.ted.com/talks/david_eagleman_can_we_create_new_senses_for_humans?

Novich, SD & Eagleman, DM (2015) "Using space and time to encode vibrotactile information: toward an estimate of the skin's achievable throughput." *Experimental Brain Research*, 1–12.

### 耳蝸植入器

Chorost, M (2005) *Rebuilt: How Becoming Part Computer Made Me More Human*. Houghton Mifflin Harcourt.

### 感官替代

Bach-y-Rita, P, Collins, C, Saunders, F, White, B & Scadden, L (1969) "Vision substitution by tactile image projection." *Nature*, 221(5184), 963–4.

Danilov, Y & Tyler, M (2005) "Brainport: an alternative input to the brain." *Journal of Integrative Neuroscience*, 4(04), 537–50.

### 連結體：繪製腦中所有連結的圖

Seung, S (2012) *Connectome: How the Brain's Wiring Makes Us Who We Are*. Houghton Mifflin Harcourt. 繁體中文版《打敗基因決定論：一輩子都可以鍛鍊大腦！》由時報文化出版。

Kasthuri, N et al (2015) "Saturated reconstruction of a volume of neocortex." *Cell*: in press.

Image credit for volume of mouse brain: Daniel R Berger, H Sebastian Seung & Jeff W. Lichtman.

### 人腦計畫

藍腦計畫（Blue Brain Project：http://bluebrain.epfl.ch）與大約八十七個國際夥伴合作，啟動人腦計畫（Humn Brain Project：https://www.humanbrainproject.eu/）。

### 用其他基質製造的計算機

以新奇基質建造計算裝置已有一段很長的歷史，早期有一種名為水積分器（Water Integrator）的類比計算機，製造於1936年的蘇聯。

更新型的水電腦例子運用微射流（microfluidics），請見Katsikis, G, Cybulski, JS & Prakash, M (2015) "Synchronous universal droplet logic and control." *Nature Physics*。

### 中文房間論證

Searle, JR (1980) "Minds, brains, and programs." *Behavioral and Brain Sciences*, 3(03), 417–24.

並非每個人都同意中文房間的詮釋。有些人認為即使操作員不懂中文，但整個系統（操作員加上房間內的藏書）的確懂中文。

### 萊布尼茲磨坊論證

Leibniz, GW (1989) *The Monadology*. Springer.

用萊布尼茲的文字來敘述這個論證：

此外，不容懷疑的是，那種知覺及依附於它的事物，難以從機械的基礎上理解，那就是說，以數字和運動的方式來理解。假定有一種機器是建造來思考、具有感覺和知覺，我們想像它可以維持相同比例放大，讓人可以走進去，如同進入一座磨坊。這樣一來，我們檢視其內部，應該只能發現操縱某部分去影響其他部分的構造，絕對不會發現可以解釋知覺的東西。因此，必定是在簡單物質，而非化合物或機器中，可以找到知覺。而且，在簡單物質中只能發現這些（主要是知覺及它們的變化）。也只有這些，是簡單物質的內在活動能夠構成的。

**螞蟻**

Hölldobler, B & Wilson, EO (2010) *The Leafcutter Ants: Civilization by Instinct*. WW Norton & Company.

**意識**

Tononi, G (2012) *Phi: A Voyage from the Brain to the Soul*. Pantheon Books.

Koch, C (2004) *The Quest for Consciousness*. New York.

Crick, F & Koch, C (2003) "A framework for consciousness." *Nature Neuroscience*, 6(2), 119–26.

# 名詞解釋

**大腦（Cerebrum）**包含外層大片起伏的大腦皮質、海馬、基底核及嗅球等部位的人腦區域。在比較高等的哺乳動物，該區域的發育可以促進更高階的認知功能及行為。

**小腦（Cerebellum）**解剖學上較小的構造，位在頭部後方、大腦皮質之下。對於流暢的運動控制、平衡、姿勢，甚至可能一些認知功能來說，這個區域非常重要。

**尤里西斯合約（Ulysses Contract）**一種無法違背的合約，在某人了解自己可能無法在未來做出理性抉擇時，利用這種合約來束縛、限制自己，好在未來實現潛在目標。

**他人之手症候群（Alien Hand Syndrome）**為了治療癲癇而進行胼胝體切開術所引起的病症；胼胝體切開術把胼胝體切斷，中斷大腦左右半球的連結，也稱為裂腦手術。他人之手症候群時常會引發單側手做出難以理解的動作，病人完全沒有感覺那是受到自己意志控制的動作。

**功能磁振造影（Functional Magnetic Resonance Imaging，簡稱fMRI）**一種腦部造影技術，藉由測量腦部血流（公釐解析度），來偵測腦活動（秒解析度）。

**可塑性（Plasticity）**腦藉由產生新神經連結或改變現有連結，而具有的適應能力。腦展現可塑性的能力，在遭受創傷之後非常重要，因為這樣可以補償因創傷而造成的缺失。

**皮膚電流反應（Galvanic Skin Response）**測量自律神經系變化的技術，這些變化發生於當某人經歷到新奇事物、壓力或強烈事件時，即使是在意識沒有覺察到的情況下也會發生。實務上測量時，會把儀器接到指尖套，然後監測隨著皮膚汗腺活動而改變的皮膚電性。

**多巴胺（Dopamine）**腦中的一種神經傳遞物質，與運動控制、成癮及酬賞有關。

**帕金森氏症（Parkinson's Disease）**一種慢性病症，特徵是行動困難及震顫，由於中腦的黑質裡面，製造多巴胺的細胞退化造成的。

**突觸（Synapse）**一個神經元的軸突與另一個神經元的樹突之間的空隙，藉由釋放神經傳遞物質到此處，神經元可以進行溝通。有一些突觸也出現在軸突與軸突，或樹突與樹突之間。

**神經元（Neuron）**一種特化細胞，可見於中樞神經系或周圍神經系，包括腦、脊髓、感覺細胞，可以用電化學訊號與其他細胞溝通。

**神經的（Neural）**與神經系統或神經元相關。

**神經傳遞物質（Neurotransmitter）**一個神經元釋放出來的化學物質，通常會經過突觸傳送給另一個神經元接收。可見於中樞神經系或周圍神經系，包括腦、脊髓，以及全身的感覺神經元。神經元通常會釋放不止一種神經傳遞物質。

**胼胝體（Corpus Callosum）**由神經纖維構成的帶狀構造，位於大腦左右半球之間的縱裂，大腦左右半球可以透過胼胝體溝通。

**動作電位（Action Potential）**當通過神經元的電壓到達閾值時發生的短暫事件（歷時1毫秒），引發跨越細胞膜的離子交換連鎖反應，這種反應會往下傳導。最後導致軸突末端釋放出神經傳遞物質。動作電位也稱為尖波電位。

**連結體（Connectome）**腦中所有神經元連結的三維立體圖。

**裂腦手術（Split-brain Surgery）**也稱為胼胝體切開術，為了控制無法用其他方法治療的癲癇，於是將病人的胼胝體切斷，使得大腦左右半球再也不能溝通。

**軸突（Axon）**神經元負責輸出的突出構造，能夠把來自細胞本體的電訊號傳導出去。

**感官替代（Sensory Substitution）**感官障礙的補償途徑，以這種方式，感覺資訊會從不同的感覺管道進入腦中。例如，視覺資訊轉變成舌頭上的振動，或者聽覺資訊轉變成用軀幹感覺的振動模式，兩種方式分別使人能夠看見或聽見。

**感覺傳導（Sensory Transduction）**來自環境的訊號，例如光子（視覺）、空氣壓縮波（聽覺）或氣味分子（嗅覺），經由特化細胞轉變成動作電位的過程。這是腦部接收體外資訊的第一步。

**腦功能的計算假說（Computational Hypothesis of Brain Function）**一種認為腦中交互作用負責執行計算的架構，相同的計算過程若在不同基質上執行，一樣會產生心智。

**腦波圖（Electroencephalography，簡稱EEG）**藉由連接到頭皮的傳導電極，測量腦部電活動的技術，具有毫秒的時間解析度。每一個電極會接收底下數百萬神經元的整體活動。這個方法可以用來記錄皮質腦活動的快速變化。

**腹側蓋區（Ventral Tegmental Area）**位於中腦的構造，大部分由多巴胺神經元組成。這個區域在酬賞系統扮演關鍵角色。

**跨顱磁刺激（Transcranial Magnetic Stimulation，簡稱TMS）**一種非侵入式技術，利用磁脈衝引發底下神經組織產生小型電流，進而刺激或抑制腦活動。這種技術通常用於釐清神經線路中的各腦區有何影響。

**膠細胞（Glial Cell）**腦中的特化細胞，透過供應養分和氧氣給神經元、移除廢物及提供一般支持作用等方式來保護神經元。

**樹突（Dendrites）**神經元負責輸入的突出構造，把來自其他神經元的神經傳遞物質所引發的電訊號傳送到細胞本體。

# 圖片版權

除非特別聲明，否則本書中所有圖片皆取自伊葛門在美國公共電視網的同系列電視節目，並經過允許重製，保留所有權利。

p.20, p.40, p.49, p.52, p.69, p.88, p.97, p.112, p.125（大腦圖）, p.126, p.137, p.143, p.180（大腦圖）© Dragonfly Media Group
p.33, p.116, p.122, p.123, p.124, p.129, p.207, p.213, p.214, p.223（公園）© Ciléin Kearns
p.21, p.61, p.77, p.148, p.164, p.177, p.178, p.190, p.193 © David Eagleman
下列頁碼的圖為公眾領域圖：22, 24（愛因斯坦）, 39, 42, 85, 117, 175, 221, 228, 231, 232
p.11：犀牛 © GlobalP; Baby © LenaSkor
p.12 © Corel, J.L.
p.15 © Michael Carroll
p.24（愛因斯坦的大腦）© Dean Falk
p.26 © Shel Hershorn/Contributor/Getty Images
p.44 © Akiyoshi Kitaoka
p.45 © Edward Adelson, 1995
p.47 © Sergey Nivens/Shutterstock
p.65 © Science Museum/Science & Society Picture Library
p.67 © Springer
p.75 © Arto Saari
p.78 © Steven Kotler
p.91：戴EEG帽的男子 © annedde/iStock；EEG圖表 © Otoomuch
p.94 © Fedorov Oleksiy/Shutterstock
p.101 © focalpoint/CanStockPhoto
p.103 © Chris Hondros/Contributor/Getty Images
p.105 © Eckhard Hess
p.109 © Frank Lennon/Contributor/Getty Images

p.120 © rolffimages/CanStockPhoto
p.153 © Fritz Heider and Marianne Simmel, 1944
p.159 © zurijeta/CanStockPhoto
p.163 © Simon Baron-Cohen et al.
p.167 © Shon Meckfessel
p.169 © Professor Kip Williams, Purdue University
p.170 © 5W Infographics
p.173 © Anonymous/AP Images
p.180（流浪漢）© Eric Poutier
p.196 © Bret Hartman/TED
p.203 © cescassawin/CanStockPhoto
p.208（腦組織）© Ashwin Vishwanathan/Sebastian Seung
p.211 © Ashwin Vishwanathan/Sebastian Seung
p.223（螞蟻）© Gail Shumway/Contributor/Getty Images
p.225（蟻橋）© Ciju Cherian; Neurons © vitstudio/Shutterstock
p.227 © Giulio Tononi/Thomas Porostocky/Marcello Massimini

在圖片使用上，我們盡力追蹤並獲得所有版權所有人的同意，若仍有任何疏漏或誤植，在此向您致上最大的歉意，並誠心接受任何修正。若有修正，本書於未來改版或再刷時，也會一併更新。

國家圖書館出版品預行編目 (CIP) 資料

大腦解密手冊：誰在做決策、現實是什麼、為何沒有人是孤島、科技將如何改變大腦的未來 / 伊葛門 (David Eagleman) 著；徐仕美譯 . -- 第二版 . -- 臺北市：遠見天下文化出版股份有限公司 , 2023.07
面；　公分 . -- ( 科學文化 ; 154A)
譯自 : The brain : the story of you.
ISBN 978-626-355-291-3 ( 平裝 )

1.CST: 腦部 2.CST: 神經學

394.911　　　　112009644

科學天地 154A

# 大腦解密手冊

誰在做決策、現實是什麼、為何沒有人是孤島、科技將如何改變大腦的未來

**The Brain: The Story of You**

原　　著 —— 伊葛門（David Eagleman）
譯　　者 —— 徐仕美
科學叢書顧問群 —— 林和（總策劃）、牟中原、李國偉、周成功

總 編 輯 —— 吳佩穎
編輯顧問 —— 林榮崧
責任編輯 —— 林柏安、林文珠；陳益郎（特約）、吳育燐
版型設計 —— 陳益郎（特約）
封面設計 —— 江孟達

出 版 者 —— 遠見天下文化出版股份有限公司
創 辦 人 —— 高希均、王力行
遠見・天下文化 事業群榮譽董事長 —— 高希均
遠見・天下文化 事業群董事長 —— 王力行
天下文化社長 —— 林天來
國際事務開發部兼版權中心總監 —— 潘欣
法律顧問 —— 理律法律事務所陳長文律師
著作權顧問 —— 魏啟翔律師
社　　址 —— 台北市 104 松江路 93 巷 1 號 2 樓
讀者服務專線 —— 02-2662-0012　傳真 —— 02-2662-0007；02-2662-0009
電子郵件信箱 —— cwpc@cwgv.com.tw
直接郵撥帳號 —— 1326703-6 號 遠見天下文化出版股份有限公司

電腦排版 —— 陳益郎（特約）
製 版 廠 —— 東豪印刷事業有限公司
印 刷 廠 —— 富星彩色印刷設計股份有限公司
裝 訂 廠 —— 聿成裝訂股份有限公司
登 記 證 —— 局版台業字第 2517 號
總 經 銷 —— 大和書報圖書股份有限公司 電話／ 02-8990-2588
出版日期 —— 2023 年 7 月 10 日第二版第 1 次印行



定價 —— NTD 450 元
書號 —— BWS154A
ISBN —— 978-626-355-291-3 ｜ EISBN 9786263552951（EPUB）；9786263552944（PDF）

天下文化官網 —— bookzone.cwgv.com.tw

天下文化
BELIEVE IN READING